“十四五”应用型本科院校系列教材/同步学习指导丛书

主　编　贺树立　巨小维
副主编　高恒嵩　顾　贞
主　审　洪　港

高等数学学习指导

上 册　　（第2版）

A Guide to the Study of Higher Mathematics

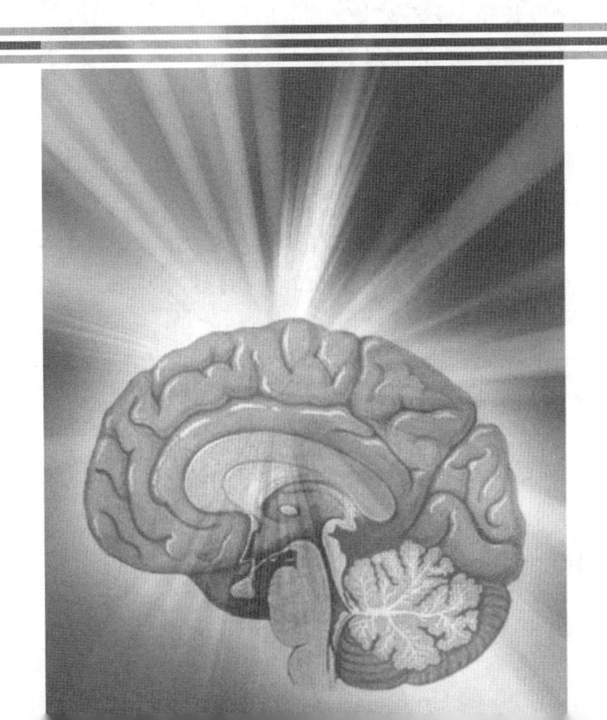

哈爾濱工業大學出版社

内容简介

本书是应用型本科院校规划教材的学习辅导教材，是与哈尔滨工业大学出版社出版的由洪港主编的《高等数学(上)》教材相配套的学习指导书. 内容包括：函数与极限、导数与微分、导数应用、不定积分、定积分、微分方程与差分方程等. 每章都包括以下六方面的内容：(1)内容提要；(2)典型题精解；(3)同步题解析；(4)验收测试题；(5)验收测试题答案；(6)课外阅读. 本书还编写了五套期末测试模拟题，并附有答案. 本书叙述详尽，通俗易懂.

本书可供应用型本科院校相关专业学生使用，也可作为教师与工程技术及科技人员的参考书.

图书在版编目(CIP)数据

高等数学学习指导. 上/贺树立，巨小维主编. —2 版. —哈尔滨：哈尔滨工业大学出版社，2022. 7(2023. 8 重印)

"十四五"应用型本科院校系列教材

ISBN 978 - 7 - 5767 - 0086 - 2

Ⅰ. ①高…　Ⅱ. ①贺…　②巨…　Ⅲ. ①高等数学-高等学校-教学参考资料　Ⅳ. ①O13

中国版本图书馆 CIP 数据核字(2022)第 109852 号

策划编辑　杜　燕

责任编辑　李长波　庞亭亭

出版发行　哈尔滨工业大学出版社

社　　址　哈尔滨市南岗区复华四道街 10 号　邮编 150006

传　　真　0451 - 86414749

网　　址　http://hitpress. hit. edu. cn

印　　刷　哈尔滨久利印刷有限公司

开　　本　787 mm×1 092 mm　1/16　印张 9. 75　字数 231 千字

版　　次　2015 年 8 月第 1 版　2022 年 7 月第 2 版

2023 年 8 月第 2 次印刷

书　　号　ISBN 978 - 7 - 5767 - 0086 - 2

定　　价　28. 00 元

(如因印装质量问题影响阅读，我社负责调换)

《“十四五”应用型本科院校系列教材》编委会

主　任　修朋月　竺培国

副主任　王玉文　吕其诚　线恒录　李敬来

委　员　丁福庆　于长福　马志民　王庄严　王建华
王德章　刘金祺　刘宝华　刘通学　刘福荣
关晓冬　李云波　杨玉顺　吴知丰　张幸刚
陈江波　林　艳　林文华　周方圆　姜思政
庹　莉　韩毓洁　蔡柏岩　臧玉英　霍　琳
杜　燕

序

哈尔滨工业大学出版社策划的《"十四五"应用型本科院校系列教材》即将付梓,诚可贺也。

该系列教材卷帙浩繁,凡百余种,涉及众多学科门类,定位准确,内容新颖,体系完整,实用性强,突出实践能力培养。不仅便于教师教学和学生学习,而且满足就业市场对应用型人才的迫切需求。

应用型本科院校的人才培养目标是面对现代社会生产、建设、管理、服务等一线岗位,培养能直接从事实际工作、解决具体问题、维持工作有效运行的高等应用型人才。应用型本科与研究型本科和高职高专院校在人才培养上有着明显的区别,其培养的人才特征是:①就业导向与社会需求高度吻合;②扎实的理论基础和过硬的实践能力紧密结合;③具备良好的人文素质和科学技术素质;④富于面对职业应用的创新精神。因此,应用型本科院校只有着力培养"进入角色快、业务水平高、动手能力强、综合素质好"的人才,才能在激烈的就业市场竞争中站稳脚跟。

目前国内应用型本科院校所采用的教材往往只是对理论性较强的本科院校教材的简单删减,针对性、应用性不够突出,因材施教的目的难以达到。因此亟须既有一定的理论深度又注重实践能力培养的系列教材,以满足应用型本科院校教学目标、培养方向和办学特色的需要。

哈尔滨工业大学出版社出版的《"十四五"应用型本科院校系列教材》,在选题设计思路上认真贯彻教育部关于培养适应地方、区域经济和社会发展需要的"本科应用型高级专门人才"精神,根据前黑龙江省委书记吉炳轩同志提出的关于加强应用型本科院校建设的意见,在应用型本科试点院校成功经验总结的基础上,特邀请黑龙江省9所知名的应用型本科院校的专家、学者联合编写。

本系列教材突出与办学定位、教学目标的一致性和适应性,既严格遵照学科体系的知识构成和教材编写的一般规律,又针对应用型本科人才培养目标及与之相适应的教学特点，精心设计写作体例，科学安排知识内容，围绕应用讲授理论，做到"基础知识够用、实践技能实用、专业理论管用"。同时注意适当融入新理论、新技术、新工艺、新成果，并且制作了与本书配套的PPT多媒体教学课件，形成立体化教材，供教师参考使用。

《"十四五"应用型本科院校系列教材》的编辑出版，是适应"科教兴国"战略对复合型、应用型人才的需求，是推动相对滞后的应用型本科院校教材建设的一种有益尝试，在应用型创新人才培养方面是一件具有开创意义的工作，为应用型人才的培养提供了及时、可靠、坚实的保证。

希望本系列教材在使用过程中，通过编者、作者和读者的共同努力，厚积薄发、推陈出新、细上加细、精益求精，不断丰富、不断完善、不断创新，力争成为同类教材中的精品。

第 2 版前言

为了培养学生的自学能力以及分析问题与解决问题的能力,加强对学生的课外学习指导,我们编写了这套高等数学学习指导书.这套学习指导书是与应用型本科院校数学系列教材相匹配的.

本书是与洪港主编的《高等数学(上)》教材相配套的学习指导书.内容包括:函数与极限、导数与微分、导数应用、不定积分、定积分、微分方程与差分方程等.每章都包括以下六方面的内容:(1)内容提要;(2)典型题精解;(3)同步题解析;(4)验收测试题;(5)验收测试题答案;(6)课外阅读.本书还编写了五套期末测试模拟题,并附有答案.本书叙述详尽,通俗易懂.

本书由贺树立、巨小维任主编,高恒嵩、顾贞任副主编,洪港老师对全书进行了审阅.在编写过程中也参阅了以往教学过程中积累的资料以及兄弟院校的相关资料,在此一并表示感谢.

本书编写分工如下:贺树立编写第 1 章、第 2 章,巨小维编写第 3 章、第 4 章,高恒嵩编写第 5 章,顾贞编写第 6 章和总复习题.

建议读者在使用本书时,不要急于参阅书后的答案,而要先独立思考,多做习题,尤其是多做基础性和综合性习题,这对于掌握教材的理论与方法有着不可替代的作用.希望本书能在你解题山重水尽疑无路之时,将你带到柳暗花明又一村的境界.

由于编写时间仓促,书中难免存在一些不足之处,敬请广大读者不吝指教.

编　　者

2022 年 5 月

目　　录

第 1 章 函数与极限

1.1 内容提要

1. 邻域

(1) 邻域的概念.

设 a 与 δ 是两个实数,且 $\delta > 0$,数集 $\{x \mid a-\delta < x < a+\delta\}$ 称为点 a 的 δ 邻域,记为

$$\cup(a,\delta) = \{x \mid a-\delta < x < a+\delta\}$$

其中,a 为该邻域的中心;δ 称为该邻域的半径.

(2) 函数的概念.

设 x 和 y 是两个变量,D 是一个给定的非空数集. 如果对于每个数 $x \in D$,变量 y 按照一定法则总有确定的数值与它对应,则称 y 是 x 的函数,记为

$$y = f(x),\quad x \in D$$

其中,x 称为自变量;y 称为因变量;D 称为定义域,记作 D_f,即 $D_f = D$.

2. 反函数与复合函数的概念

(1) 反函数的概念.

设函数 $y = f(x)$ 的定义域为 D,值域为 W. 对于值域 W 中的任一数值 y,在定义域 D 中存在唯一数值 x 与之对应,且满足关系式

$$f(x) = y$$

则此关系式确定了一个以 y 为自变量、x 为因变量的新函数,即

$$x = \varphi(y) \quad 或 \quad x = f^{-1}(y)$$

称此函数为函数 $y = f(x)$ 的反函数.

(2) 复合函数的概念.

设有函数 $y = f(u)$ 的定义域为 D_f,而函数 $u = g(x)$ 的值域为 R_g,若 $R_g \cap D_f \neq \varnothing$,则称函数 $y = f[g(x)]$ 为函数 $y = f(u)$ 和 $u = g(x)$ 的复合函数,其中 x 为自变量,y 为因变量,u 为中间变量.

3. 初等函数的概念

(1) 基本初等函数的概念.

常用的函数都是由常函数、幂函数、指数函数、对数函数、三角函数和反三角函数构成

的,我们将这六类函数称为基本初等函数.

(2) 初等函数的概念.

由基本初等函数经过有限次的四则运算和有限次的复合并用一个式子表示的函数称为初等函数.

(3) 双曲函数.

双曲正弦函数 $\operatorname{sh} x = \dfrac{e^x - e^{-x}}{2}, x \in (-\infty, +\infty)$;

双曲余弦函数 $\operatorname{ch} x = \dfrac{e^x + e^{-x}}{2}, x \in (-\infty, +\infty)$;

双曲正切函数 $\operatorname{th} x = \dfrac{e^x - e^{-x}}{e^x + e^{-x}}$(即$\dfrac{\operatorname{sh} x}{\operatorname{ch} x}$)$, x \in (-\infty, +\infty)$.

4. 极限

(1) 数列的极限定义.

设$\{x_n\}$是一个数列,A是常数.若对于任意给定的正数ε,总存在一个正整数N,使得当$n > N$时,不等式$|x_n - A| < \varepsilon$恒成立,则称常数A为数列x_n的极限,记为$\lim\limits_{n \to \infty} x_n = A$或$x_n \to A(n \to \infty)$.

(2) 函数的极限.

定义1　设$f(x)$对于充分大的$|x|$有定义,A是某常数.若对于任意给定的正数ε,总存在一个正数X,当$|x| > X$时,使得$|f(x) - A| < \varepsilon$恒成立,则称常数A为函数$f(x)$的极限,记为$\lim\limits_{x \to \infty} f(x) = A$或$f(x) \to A(x \to \infty)$.

定义2　设函数$f(x)$在x_0的某个去心邻域内有定义,A是常数,若对于任意给定的正数ε,总存在一个正数δ,使得当$0 < |x - x_0| < \delta$时,总有$|f(x) - A| < \varepsilon$成立,则称常数A为函数$f(x)$当$x \to x_0$时的极限,记为$\lim\limits_{x \to x_0} f(x) = A$或$f(x) \to A(x \to x_0)$.

定理1　$\lim\limits_{x \to x_0} f(x) = A$存在的充分必要条件:$\lim\limits_{x \to x_0^+} f(x) = \lim\limits_{x \to x_0^-} f(x) = A$.

5. 无穷小量与无穷大量

(1) 无穷小量的定义.

如果$\lim\limits_{x \to x_0} f(x) = 0$或$\lim\limits_{x \to \infty} f(x) = 0$,则称$f(x)$为当$x \to x_0$或$x \to \infty$时的无穷小量(简称为无穷小).

(2) 无穷小量的运算性质.

定理2　有限个无穷小量的代数和是无穷小量.

定理3　有界变量与无穷小量的乘积是无穷小量.

定理4　有限个无穷小量的乘积是无穷小量.

(3) 无穷小量的阶.

设$x \to x_0$(或$x \to \infty$),α与β都是在同一变化过程中的无穷小,且$\beta \neq 0$.

① 若$\lim \dfrac{\alpha}{\beta} = 0$,则称$\alpha$是比$\beta$高阶的无穷小,记为$\alpha = o(\beta)$.

② 若 $\lim \frac{\alpha}{\beta} = \infty$,则称 α 是比 β 低阶的无穷小.

③ 若 $\lim \frac{\alpha}{\beta} = b \neq 0$,则称 α 与 β 是同阶无穷小.

④ 若 $\lim \frac{\alpha}{\beta^k} = C \neq 0, k > 0$,则称 α 是关于 β 的 k 阶无穷小.

⑤ 若 $\lim \frac{\alpha}{\beta} = 1$,则称 α 与 β 是等价无穷小,记为 $\alpha \sim \beta$.

(4) 无穷大量的定义.

如果 $\lim\limits_{x \to x_0} f(x) = \infty$ 或 $\lim\limits_{x \to \infty} f(x) = \infty$,则称函数 $f(x)$ 当 $x \to x_0$ 或 $x \to \infty$ 时,为无穷大量(或无穷大).

(5) 无穷大量与无穷小量的关系.

定理5　① 如果当 $x \to x_0$(或 $x \to +\infty$)时,函数 $f(x)$ 是无穷大,则函数 $\frac{1}{f(x)}$ 是无穷小; ② 如果当 $x \to x_0$(或 $x \to +\infty$)时,函数 $f(x)$ 是无穷小,且 $f(x) \neq 0$,则函数 $\frac{1}{f(x)}$ 是无穷大.

6. 函数极限的性质及运算法则

(1) 函数极限具有唯一性、有界性及保号性.

(2) 函数极限的四则运算.

定理6　设 $\lim f(x) = a, \lim g(x) = b$,则

① $\lim[f(x) \pm g(x)] = \lim f(x) \pm \lim g(x) = a \pm b$.

② $\lim f(x) \cdot g(x) = \lim f(x) \cdot \lim g(x) = ab$.

③ 当 $b \neq 0$ 时, $\lim \frac{f(x)}{g(x)} = \frac{\lim f(x)}{\lim g(x)} = \frac{a}{b}$.

7. 极限存在准则及两个重要极限

(1) 极限存在准则.

准则1　若数列 $\{x_n\}$, $\{y_n\}$ 及 $\{z_n\}$ 满足:

① $y_n \leqslant x_n \leqslant z_n (n = 1, 2, \cdots)$;

② $\lim\limits_{n \to \infty} y_n = a, \lim\limits_{n \to \infty} z_n = a$.

则数列 $\{x_n\}$ 的极限存在且 $\lim\limits_{n \to \infty} x_n = a$.

准则1′　设函数 $f(x), g(x), h(x)$ 在 $\mathring{U}(x_0, \delta_0)$(或对于充分大的 $|x|$)有定义,且满足条件:

① $g(x) \leqslant f(x) \leqslant h(x)$;

② $\lim g(x) = A, \lim h(x) = A$.

则 $\lim f(x) = A$.

准则2　单调有界数列必有极限.

(2) 两个重要极限.

① $\lim\limits_{x \to 0} \frac{\sin x}{x} = 1$; ② $\lim\limits_{x \to \infty} (1 + \frac{1}{x})^x = e$.

8. 函数的连续性

(1) 函数连续性的概念.

设函数 $f(x)$ 在 $\cup(x_0)$ 内有定义,如果当自变量的改变量 Δx 趋于0时,相应的函数的改变量 Δy 也趋于0,即

$$\lim_{\Delta x \to 0} \Delta y = \lim_{\Delta x \to 0} [f(x_0 + \Delta x) - f(x_0)] = 0$$

则称函数 $y = f(x)$ 在点 x_0 处连续.

(2) 函数的间断点.

如果函数 $y = f(x)$ 在点 x_0 处不满足连续性定义的条件,则称函数 $f(x)$ 在点 x_0 处间断(或不连续).

(3) 连续函数的运算.

定理7　设函数 $f(x)$ 与 $g(x)$ 都在点 x_0 处连续,则函数 $f(x) \pm g(x)$, $f(x)g(x)$, $\frac{f(x)}{g(x)}(g(x_0) \neq 0)$ 在点 x_0 处也连续.

(4) 反函数的连续性.

定理8　单调增加(或减少)的连续函数的反函数也是单调增加(或减少)的连续函数.

(5) 复合函数的连续性.

定理9　设函数 $y = \varphi(x)$ 在点 x_0 处连续,且 $y_0 = \varphi(x_0)$,又函数 $z = f(y)$ 在点 y_0 处连续,则复合函数 $z = f[\varphi(x)]$ 在点 x_0 处连续.

(6) 闭区间上连续函数的性质.

定理10　设函数 $f(x)$ 在闭区间 $[a,b]$ 上连续,则:

① $f(x)$ 在 $[a,b]$ 上有界(有界性定理).

② $f(x)$ 在 $[a,b]$ 上必有最小值和最大值(最值定理).

③ 若 $f(a)$ 与 $f(b)$ 异号,在 (a,b) 内至少存在一点 ξ,使 $f(\xi) = 0$(零点定理).

④ 在 $[a,b]$ 上至少存在一点 ξ,使 $f(\xi) = c$(M 与 m 分别是 $f(x)$ 在 $[a,b]$ 上的最大值和最小值,c 是 M,m 之间的任意数)(介值性定理).

1.2　典型题精解

例1　设 $y = f(x)$ 的定义域为 $(0,1]$,$\varphi(x) = 1 - \ln x$,则复合函数 $y = f[\varphi(x)]$ 的定义域为________.

解　令 $u = \varphi(x)$,由题意知 $f(u)$ 的定义域为 $(0,1]$,即 $0 < 1 - \ln x \leqslant 1$,解得 $1 \leqslant x < e$,所以 $y = f[\varphi(x)]$ 的定义域为 $[1,e)$.

例2　函数 $y = \sqrt{\pi + 4\arcsin x}$ 的反函数为________.

解　从 $y = \sqrt{\pi + 4\arcsin x}$ 中解出 $x = \sin \frac{1}{4}(y^2 - \pi)$,所以反函数为 $y = \sin \frac{1}{4}(x^2 - \pi)$,而 y 的值域为 $[0, \sqrt{3\pi}]$,故反函数的定义域为 $[0, \sqrt{3\pi}]$.

例 3　极限 $\lim\limits_{x\to+\infty}\sin\left(\ln\dfrac{x}{x+1}\right)\cos[\ln x(x+1)]=$________.

解　因为当 $x\to+\infty$ 时，$\dfrac{x}{x+1}\to1$，$\ln\dfrac{x}{x+1}\to0$，所以 $\sin\left(\ln\dfrac{x}{x+1}\right)\to0$. 而 $|\cos[\ln x(x+1)]|\leqslant1$，故原式 $=0$.

例 4　若 $f(x)=\begin{cases}\dfrac{\sin 2x+\mathrm{e}^{2ax}-1}{x}, & x\neq0\\ a, & x=0\end{cases}$ 在 $(-\infty,+\infty)$ 上连续，则 $a=$________.

解　$\lim\limits_{x\to0}\dfrac{\sin 2x+\mathrm{e}^{2ax}-1}{x}=\lim\limits_{x\to0}\left(\dfrac{\sin 2x}{x}+\dfrac{\mathrm{e}^{2ax}-1}{x}\right)=2+2a$，故 $2+2a=a$，即 $a=-2$.

例 5　设 $\lim\limits_{x\to\infty}\dfrac{(1+a)x^4+bx^3+2}{x^3+x^2-1}=-2$，则 a,b 的值分别为________.

解　由公式 $\lim\limits_{x\to\infty}\dfrac{a_0x^n+a_1x^{n-1}+\cdots+a_{n-1}x+a_n}{b_0x^m+b_1x^{m-1}+\cdots+b_{m-1}x+b_m}=\begin{cases}\dfrac{a_0}{b_0}, & m=n\\ 0, & n<m\\ \infty, & n>m\end{cases}$ 可知，仅当分子、分母关于 x 的最高次幂相同时，极限才是不为零的数值，因此必须有 $a=-1$，$b=-2$.

例 6　求极限 $\lim\limits_{x\to0^+}(\cos x)^{\csc^2 x}$.

解　$\lim\limits_{x\to0^+}(\cos x)^{\csc^2 x}=\lim\limits_{x\to0^+}[1+(\cos x-1)]^{\frac{1}{\sin^2 x}}=$

$$\lim_{x\to0^+}\left(1-2\sin^2\frac{x}{2}\right)^{-\frac{1}{2\sin^2\frac{x}{2}}\left(-2\sin^2\frac{x}{2}\right)\cdot\frac{1}{4\sin^2\frac{x}{2}\cos^2\frac{x}{2}}}=\mathrm{e}^{-\frac{1}{2}}.$$

例 7　求极限 $\lim\limits_{x\to0}\dfrac{\tan x-\sin x}{\sin^3 x}$.

解　$\lim\limits_{x\to0}\dfrac{\tan x-\sin x}{\sin^3 x}=\lim\limits_{x\to0}\dfrac{\sin x-\sin x\cos x}{\cos x\sin^3 x}=\lim\limits_{x\to0}\dfrac{1-\cos x}{\cos x\sin^2 x}=\lim\limits_{x\to0}\dfrac{\frac{x^2}{2}}{x^2\cos x}=\dfrac{1}{2}$.

例 8　证明：方程 $x^5-3x=1$ 至少有一个根介于 1 和 2 之间.

解　设 $f(x)=x^5-3x-1$，则 $f(1)=-3<0$，$f(2)=25>0$，根据零点定理，至少存在一点 $\xi\in(1,2)$，使得 $f(\xi)=0$.

因此 $x^5-3x=1$ 至少有一个根介于 1 和 2 之间.

1.3　同步题解析

习题 1.1 解答

1. 求下列函数的定义域.

(1) $y=\dfrac{1}{1-x^2}+\sqrt{x+2}$；　　(2) $y=\dfrac{\lg(3-x)}{\sqrt{|x|-1}}$；

(3) $y=\sqrt{\lg\dfrac{5x-x^2}{4}}$;　　　　(4) $y=\arcsin(1-x^2)$.

解　(1) 由题设得$\begin{cases}1-x^2\neq 0\\ x+2\geqslant 0\end{cases}$,解得$x\geqslant -2$且$x\neq\pm 1$,即$x\in[-2,-1)\cup(-1,1)\cup(1,+\infty)$;

(2) 由题设得$\begin{cases}|x|-1>0\\ 3-x>0\end{cases}$,解得$1<x<3$或$x<-1$,即$x\in(-\infty,-1)\cup(1,3)$;

(3) 由题设得$\begin{cases}\lg\dfrac{5x-x^2}{4}\geqslant 0\\ \dfrac{5x-x^2}{4}>0\end{cases}$,解得$1\leqslant x\leqslant 4$,即$x\in[1,4]$;

(4) 由题设得$-1\leqslant 1-x^2\leqslant 1$,解得$-\sqrt{2}\leqslant x\leqslant\sqrt{2}$,即$x\in[-\sqrt{2},\sqrt{2}]$.

2. 下列两个函数是否相同？为什么？

(1) $f(x)=\dfrac{x}{x}$与$g(x)=1$;　　　　(2) $f(x)=x$与$g(x)=\sqrt{x^2}$;

(3) $f(x)=\lg x^2$与$g(x)=2\lg x$;　　　　(4) $y=\sin^2x+\cos^2x$与$y=1$.

解　(1) 不相同. 因为函数$f(x)=\dfrac{x}{x}$的定义域是$(-\infty,0)\cup(0,+\infty)$,而函数$g(x)=1$的定义域是$(-\infty,+\infty)$.

(2) 不相同. 因为函数$f(x)=x$的值域是$(-\infty,+\infty)$,而函数$g(x)=\sqrt{x^2}$的值域是$(0,+\infty)$.

(3) 不相同. 因为函数$f(x)=\lg x^2$的定义域是$(-\infty,0)\cup(0,+\infty)$,而函数$g(x)=2\lg x$的定义域是$(0,+\infty)$.

(4) 相同. 因为函数$f(x)=\sin^2x+\cos^2x$与函数$g(x)=1$的定义域与函数关系都相同.

3. 讨论下列函数的奇偶性.

(1) $y=\lg\dfrac{1-x}{1+x}$;　　　　(2) $y=\ln(\sqrt{1+x^2}-x)$;

(3) $y=x\sin\dfrac{1}{x}$;　　　　(4) $y=\dfrac{a^x+a^{-x}}{2}$.

解　(1) 设$f(x)=\lg\dfrac{1-x}{1+x}$,因为$f(-x)=\lg\dfrac{1+x}{1-x}=-\lg\dfrac{1-x}{1+x}=-f(x)$,所以此函数为奇函数;

(2) 设$f(x)=\ln(\sqrt{1+x^2}-x)$,因为$f(-x)=\ln(\sqrt{1+x^2}+x)=\ln\dfrac{(\sqrt{1+x^2}+x)(\sqrt{1+x^2}-x)}{\sqrt{1+x^2}-x}=-\ln(\sqrt{1+x^2}-x)=-f(x)$,所以此函数为奇函数;

(3) 设$f(x)=x\sin\dfrac{1}{x}$,因为$f(-x)=-x\sin\left(-\dfrac{1}{x}\right)=x\sin\dfrac{1}{x}=f(x)$,所以此函数为偶函数;

(4) 设$f(x)=\frac{a^{x}+a^{-x}}{2}$,因为$f(-x)=\frac{a^{-x}+a^{x}}{2}=f(x)$,所以此函数为偶函数.

4. 求下列函数的反函数.

(1)$y=1+\ln(x+2)$;　　(2) $y=\frac{2^{x}}{2^{x}+1}$.

解　(1) 函数$y=1+\ln(x+2)$是单调的,所以它的反函数存在,其反函数为$x=e^{y-1}-2$,习惯上记为$y=e^{x-1}-2$;

(2) 函数$y=\frac{2^{x}}{2^{x}+1}$是单调的,所以它的反函数存在,其反函数为$x=\log_{2}\frac{y}{1-y}$,习惯上记为$y=\log_{2}\frac{x}{1-x}$.

5. 下列函数哪些是周期函数? 请指出其周期.

(1)$y=\sin^{2}x$;　　(2) $y=1+\sin\pi x$.

解　(1) $y=\sin^{2}x=\frac{1-\cos 2x}{2}$是周期函数,周期$T=\pi$;

(2)$y=1+\sin\pi x$是周期函数,周期$T=2$.

6. 设函数$f(x)=\frac{x}{1-x}$,求$f[f(x)]$,$f\{f[f(x)]\}$.

解　$f[f(x)]=\frac{\frac{x}{1-x}}{1-\frac{x}{1-x}}=\frac{x}{1-2x}$;

$$f\{f[f(x)]\}=\frac{\frac{x}{1-2x}}{1-\frac{x}{1-2x}}=\frac{x}{1-3x}.$$

7. 设函数$f(x)=\begin{cases}1, & x\geqslant 0\\0, & x<0\end{cases}$,求$f(x-1)$.

解　$f(x-1)=\begin{cases}1, & x-1\geqslant 0\\0, & x-1<0\end{cases}$,即$f(x-1)=\begin{cases}1, & x\geqslant 1\\0, & x<1\end{cases}$.

8. 下列函数是由哪些简单函数复合而成的?

(1)$y=\sqrt{\ln\sqrt{x}}$;　　(2) $y=\lg^{2}\arccos x^{3}$;　　(3)$y=a^{\sin^{2}x}$.

解　(1)$y=\sqrt{\ln\sqrt{x}}$ 是由 $y=\sqrt{u}$,$u=\ln v$ 与 $v=\sqrt{x}$ 复合而成;

(2)$y=\lg^{2}\arccos x^{3}$ 是由 $y=u^{2}$,$u=\lg v$,$v=\arccos w$ 与 $w=x^{3}$ 复合而成;

(3)$y=a^{\sin^{2}x}$ 是由 $y=a^{u}$,$u=v^{2}$,$v=\sin x$ 复合而成.

9. 设函数$f(x)$的定义域是$[0,1]$,求下列函数的定义域.

(1)$f(x^{2})$;　　(2)$f(\ln x)$.

解　(1) 由$0\leqslant x^{2}\leqslant 1$,得$-1\leqslant x\leqslant 1$,所以$f(x^{2})$的定义域是$[-1,1]$;

(2) 由$0\leqslant \ln x\leqslant 1$,得$1\leqslant x\leqslant e$,所以$f(\ln x)$的定义域是$[1,e]$.

10. 已知$f(\frac{1}{t})=\frac{5}{t}+2t^2$，求$f(t)$，$f(t^2+1)$.

解　由$f(\frac{1}{t})=\frac{5}{t}+2t^2=5\cdot\frac{1}{t}+2\cdot\frac{1}{(\frac{1}{t})^2}$，得$f(t)=5t+\frac{2}{t^2}$，于是$f(t^2+1)=5(t^2+1)+\frac{2}{(t^2+1)}$.

11. 火车站行李收费规定如下：当行李不超过50 kg时，按每千克0.15元收费，当超过50 kg时，超重部分按每千克0.25元收费，试建立行李收费$f(x)$(元)与行李质量x(kg)之间的函数关系.

解　根据题意，当行李不超过50 kg时，收费函数为$f(x)=0.15x$；当行李超过50 kg时，收费函数为$f(x)=0.15\times50+0.25(x-50)=7.5+0.25(x-50)$，即行李收费函数为

$$f(x)=\begin{cases}0.15x, & 0<x\leqslant50\\7.5+0.25(x-50), & x>50\end{cases}$$

12. 要设计一个容积为$V=20\pi\ \mathrm{m}^3$的有盖圆柱形储油桶，已知上盖单位面积造价是侧面的一半，而侧面单位面积造价又是底面的一半，设上盖的单位面积造价为a元/m^2，试将油桶的总造价y表示为油桶半径r的函数.

解　设油桶的上盖造价函数、侧面造价函数与底面造价函数分别为y_1,y_2,y_3，则根据题意得$y_1=\pi r^2\cdot a$，$y_2=2\pi r\frac{20\pi}{\pi r^2}\cdot2a=\frac{80\pi a}{r}$，$y_3=\pi r^2\cdot4a$，于是总造价函数为

$$y=y_1+y_2+y_3=5\pi r^2a+\frac{80\pi a}{r}$$

习题1.2解答

1. 当$n\to\infty$时，观察并写出下列数列的极限.

(1)$x_n=\frac{2n^2+1}{n^2}$；　(2)$x_n=\frac{1}{1\times2}+\frac{1}{2\times3}+\cdots+\frac{1}{n(n+1)}$；

(3)$x_n=(-1)^n\frac{1}{n}$；　(4)$x_n=(-1)^n$.

解　(1) $3,\frac{9}{4},\frac{19}{9},\frac{33}{16},\frac{51}{25},\frac{73}{36},\cdots$，易见$\lim\limits_{n\to\infty}x_n=2$；

(2)$x_n=1-\frac{1}{2}+\frac{1}{2}-\frac{1}{3}+\cdots+\frac{1}{n}-\frac{1}{n+1}=1-\frac{1}{n+1}$；$\frac{1}{2},\frac{2}{3},\frac{3}{4},\frac{4}{5},\frac{5}{6},\frac{6}{7},\cdots$，易见$\lim\limits_{n\to\infty}x_n=1$；

(3) $-1,\frac{1}{2},-\frac{1}{3},\frac{1}{4},-\frac{1}{5},\frac{1}{6},-\frac{1}{7},\frac{1}{8},\cdots$，易见$\lim\limits_{n\to\infty}x_n=0$；

(4) $-1,1,-1,1,-1,1,\cdots$，易见x_n的极限不存在.

2. 判断下列函数的极限.

(1) $\lim\limits_{x\to+\infty}\left(\frac{1}{5}\right)^x$;　　(2) $\lim\limits_{x\to-\infty}5^x$;

(3) $\lim\limits_{x\to\frac{\pi}{2}}\sin x$;　　(4) $\lim\limits_{x\to0^+}\ln x$.

解　(1) $\lim\limits_{x\to+\infty}\left(\frac{1}{5}\right)^x=0$;(2) $\lim\limits_{x\to-\infty}5^x=0$;(3) $\lim\limits_{x\to\frac{\pi}{2}}\sin x=1$;(4) $\lim\limits_{x\to0^+}\ln x$ 不存在.

3. 设 $f(x)=\begin{cases}x, & x\leqslant1\\2x-1, & x>1\end{cases}$,求 $\lim\limits_{x\to1}f(x)$.

解　因为 $\lim\limits_{x\to1^-}f(x)=\lim\limits_{x\to1^-}x=1$, $\lim\limits_{x\to1^+}f(x)=\lim\limits_{x\to1^+}(2x-1)=1$, 所以 $\lim\limits_{x\to1}f(x)=\lim\limits_{x\to1^-}f(x)=\lim\limits_{x\to1^+}f(x)=1$.

4. 设 $f(x)=\begin{cases}2x+3, & x<1\\3, & x=1\\1, & x>1\end{cases}$,求 $\lim\limits_{x\to1}f(x)$.

解　$\lim\limits_{x\to1^-}f(x)=\lim\limits_{x\to1^-}(2x+3)=5$,$\lim\limits_{x\to1^+}f(x)=\lim\limits_{x\to1^+}1=1$,因为 $\lim\limits_{x\to1^+}f(x)\neq\lim\limits_{x\to1^-}f(x)$,所以 $\lim\limits_{x\to1}f(x)$ 不存在.

习题 1.3 解答

1. 指出下列各题中哪些是无穷小量,哪些是无穷大量.

(1) $2x^2$,当 $x\to0$ 时;　　(2) $\frac{1}{x-1}$,当 $x\to1$ 时;

(3) $x\cos\frac{1}{x}$,当 $x\to0$ 时;　　(4) $\ln x$,当 $x\to0^+$ 时;

(5) $\tan x$,当 $x\to\frac{\pi}{2}$ 时;　　(6) e^{-x},当 $x\to+\infty$ 时.

解　(1) $\lim\limits_{x\to0}2x^2=0$,无穷小量;(2) $\lim\limits_{x\to1}\frac{1}{x-1}=\infty$,无穷大量;

(3) $\lim\limits_{x\to0}x\cos\frac{1}{x}=0$,无穷小量;　(4) $\lim\limits_{x\to0^+}\ln x=-\infty$,无穷大量;

(5) $\lim\limits_{x\to\frac{\pi}{2}}\tan x=\infty$,无穷大量;　(6) $\lim\limits_{x\to+\infty}e^{-x}=0$,无穷小量.

2. 函数 $f(x)=\frac{1}{(x-1)^2}$ 在自变量的什么变化过程中为无穷小?又在自变量的什么变化过程中为无穷大?

解　因为 $\lim\limits_{x\to\infty}\frac{1}{(x-1)^2}=0$,所以当 $x\to\infty$ 时,$f(x)$ 是无穷小量;

因为 $\lim\limits_{x\to1}\frac{1}{(x-1)^2}=\infty$,所以当 $x\to1$ 时,$f(x)$ 是无穷大量.

3. 求下列函数的极限.

(1) $\lim\limits_{x\to0}x^2\sin\frac{1}{x}$;　　(2) $\lim\limits_{x\to1}(x-1)\cos\frac{1}{x-1}$;　　(3) $\lim\limits_{x\to\infty}\frac{\sin x}{x}$.

解　(1) 因为$\lim\limits_{x\to0}x^2=0$, $\left|\sin\dfrac{1}{x}\right|\leqslant1$,所以$\lim\limits_{x\to0}x^2\sin\dfrac{1}{x}=0$;

(2) 因为$\lim\limits_{x\to1}(x-1)=0$, $\left|\cos\dfrac{1}{x-1}\right|\leqslant1$,所以$\lim\limits_{x\to1}(x-1)\cos\dfrac{1}{x-1}=0$;

(3) 因为$\lim\limits_{x\to\infty}\dfrac{1}{x}=0$, $|\sin x|\leqslant1$,所以$\lim\limits_{x\to\infty}\dfrac{\sin x}{x}=0$.

习题 1.4 解答

1. 求下列极限.

(1) $\lim\limits_{x\to-2}(2x^2+5x-1)$;

(2) $\lim\limits_{x\to\sqrt{3}}\dfrac{x^2-3}{x^4+x^2+1}$;

(3) $\lim\limits_{x\to0}(1-\dfrac{2}{x-3})$;

(4) $\lim\limits_{x\to2}\dfrac{x^2-3}{x-2}$;

(5) $\lim\limits_{x\to1}\dfrac{x^2-1}{2x^2-x-1}$;

(6) $\lim\limits_{x\to0}\dfrac{4x^3-2x^2+x}{3x^2+2x}$;

(7) $\lim\limits_{x\to-3}\dfrac{x^2-9}{x+3}$;

(8) $\lim\limits_{x\to1}\dfrac{x^2+x+1}{x-1}$;

(9) $\lim\limits_{x\to1}\dfrac{x^2-2x+1}{x^3-1}$;

(10) $\lim\limits_{x\to\infty}\dfrac{2x+3}{7x-2}$;

(11) $\lim\limits_{x\to\infty}\dfrac{100x}{2+3x^2}$;

(12) $\lim\limits_{x\to\infty}\dfrac{x^4-8x+1}{3x^2+8}$;

(13) $\lim\limits_{x\to\infty}\dfrac{x^2-3}{x^4+x^2+1}$;

(14) $\lim\limits_{n\to\infty}\dfrac{(2n-1)^{20}(3n+1)^{30}}{(5n+1)^{50}}$;

(15) $\lim\limits_{x\to1}(\dfrac{1}{1-x}-\dfrac{3}{1-x^2})$;

(16) $\lim\limits_{x\to\infty}(\sqrt{x^2+1}-\sqrt{x^2-1})$.

解　(1) $\lim\limits_{x\to-2}(2x^2+5x-1)=2\times(-2)^2+5\times(-2)-1=-3$;

(2) $\lim\limits_{x\to\sqrt{3}}\dfrac{x^2-3}{x^4+x^2+1}=\dfrac{(\sqrt{3})^2-3}{(\sqrt{3})^4+(\sqrt{3})^2+1}=0$;

(3) $\lim\limits_{x\to0}(1-\dfrac{2}{x-3})=1-\dfrac{2}{0-3}=\dfrac{5}{3}$;

(4) 因为$\lim\limits_{x\to2}\dfrac{x-2}{x^2-3}=\dfrac{2-2}{2^2-3}=0$,所以$\lim\limits_{x\to2}\dfrac{x^2-3}{x-2}=\infty$;

(5) $\lim\limits_{x\to1}\dfrac{x^2-1}{2x^2-x-1}=\lim\limits_{x\to1}\dfrac{x+1}{2x+1}=\dfrac{2}{3}$;

(6) $\lim\limits_{x\to0}\dfrac{4x^3-2x^2+x}{3x^2+2x}=\lim\limits_{x\to0}\dfrac{4x^2-2x+1}{3x+2}=\dfrac{0-0+1}{0+2}=\dfrac{1}{2}$;

(7) $\lim\limits_{x\to-3}\dfrac{x^2-9}{x+3}=\lim\limits_{x\to-3}(x-3)=-3-3=-6$;

(8) 因为$\lim\limits_{x\to1}\dfrac{x-1}{x^2+x+1}=\dfrac{1-1}{1+1+1}=0$,所以$\lim\limits_{x\to1}\dfrac{x^2+x+1}{x-1}=\infty$;

(9) $\lim\limits_{x\to1}\dfrac{x^2-2x+1}{x^3-1}=\lim\limits_{x\to1}\dfrac{x-1}{x^2+x+1}=\dfrac{1-1}{1+1+1}=0$；

(10) $\lim\limits_{x\to\infty}\dfrac{2x+3}{7x-2}=\lim\limits_{x\to\infty}\dfrac{2+\dfrac{3}{x}}{7-\dfrac{2}{x}}=\dfrac{2}{7}$；

(11) $\lim\limits_{x\to\infty}\dfrac{100x}{2+3x^2}=\lim\limits_{x\to\infty}\dfrac{100}{\dfrac{2}{x}+3x}=0$；

(12) 因为$\lim\limits_{x\to\infty}\dfrac{3x^2+8}{x^4-8x+1}=\lim\limits_{x\to\infty}\dfrac{3+\dfrac{8}{x^2}}{x^2-\dfrac{8}{x}+\dfrac{1}{x^2}}=0$,所以$\lim\limits_{x\to\infty}\dfrac{x^4-8x+1}{3x^2+8}=\infty$；

(13) $\lim\limits_{x\to\infty}\dfrac{x^2-3}{x^4+x^2+1}=\lim\limits_{x\to\infty}\dfrac{1-\dfrac{3}{x^2}}{x^2+1+\dfrac{1}{x^2}}=0$；

(14) $\lim\limits_{n\to\infty}\dfrac{(2n-1)^{20}(3n+1)^{30}}{(5n+1)^{50}}=\lim\limits_{n\to\infty}\dfrac{(2-\dfrac{1}{n})^{20}(3+\dfrac{1}{n})^{30}}{(5+\dfrac{1}{n})^{50}}=\dfrac{2^{20}\times3^{30}}{5^{50}}=(\dfrac{2}{5})^{20}(\dfrac{3}{5})^{30}$；

(15) $\lim\limits_{x\to1}(\dfrac{1}{1-x}-\dfrac{3}{1-x^2})=\lim\limits_{x\to1}\dfrac{x-2}{1-x^2}$,因为$\lim\limits_{x\to1}\dfrac{1-x^2}{x-2}=\dfrac{1-1}{1-2}=0$,所以$\lim\limits_{x\to1}(\dfrac{1}{1-x}-\dfrac{3}{1-x^2})=\infty$；

(16) $\lim\limits_{x\to\infty}(\sqrt{x^2+1}-\sqrt{x^2-1})=\lim\limits_{x\to\infty}\dfrac{(\sqrt{x^2+1}-\sqrt{x^2-1})(\sqrt{x^2+1}+\sqrt{x^2-1})}{\sqrt{x^2+1}+\sqrt{x^2-1}}=0.$

2. 如果$f(x)=\begin{cases}x^2+2, & x>2\\ x+a, & x\leqslant2\end{cases}$,当 $x\to2$ 时极限存在,求 a 的值.

解　$\lim\limits_{x\to2^+}f(x)=\lim\limits_{x\to2^+}(x^2+2)=6$,$\lim\limits_{x\to2^-}f(x)=\lim\limits_{x\to2^-}(x+a)=2+a$,因为$\lim\limits_{x\to2}f(x)$存在,所以有 $6=2+a$,即 $a=4$.

3. 设$\lim\limits_{x\to1}\dfrac{x^2+ax+b}{x-1}=3$,试求常数 a,b.

解　由$\lim\limits_{x\to1}\dfrac{x^2+ax+b}{x-1}=3$，且$\lim\limits_{x\to1}(x-1)=0$,得$\lim\limits_{x\to1}(x^2+ax+b)=0$,即 $1+a+b=0$. 将 $b=-1-a$ 代入原极限，得$\lim\limits_{x\to1}\dfrac{x^2-1+a(x-1)}{x-1}=3$,即 $2+a=3$,于是 $a=1$, $b=-2$.

习题 1.5 解答

1. 求下列极限.

(1) $\lim\limits_{x\to 0}\dfrac{\sin 7x}{x}$;

(2) $\lim\limits_{x\to 0}\dfrac{\tan 2x}{\sin 5x}$;

(3) $\lim\limits_{x\to 1}\dfrac{\sin(x-1)}{x^2-1}$;

(4) $\lim\limits_{x\to\infty} x\sin\dfrac{3}{x}$;

(5) $\lim\limits_{x\to 0}\dfrac{x^2}{\sin^2\dfrac{x}{3}}$;

(6) $\lim\limits_{x\to 0}\dfrac{\tan x-\sin x}{x}$;

(7) $\lim\limits_{x\to 0}\dfrac{x-\sin x}{x+\sin x}$;

(8) $\lim\limits_{x\to 0}\dfrac{1-\cos 2x}{x\sin x}$.

解 (1) $\lim\limits_{x\to 0}\dfrac{\sin 7x}{x}=\lim\limits_{x\to 0}\dfrac{\sin 7x}{7x}\cdot 7=7$;

(2) $\lim\limits_{x\to 0}\dfrac{\tan 2x}{\sin 5x}=\lim\limits_{x\to 0}\dfrac{\tan 2x}{2x}\cdot\dfrac{5x}{\sin 5x}\cdot\dfrac{2}{5}=\dfrac{2}{5}$;

(3) $\lim\limits_{x\to 1}\dfrac{\sin(x-1)}{x^2-1}=\lim\limits_{x\to 1}\dfrac{\sin(x-1)}{x-1}\cdot\dfrac{1}{x+1}=\dfrac{1}{2}$;

(4) $\lim\limits_{x\to\infty} x\sin\dfrac{3}{x}=\lim\limits_{x\to\infty}\dfrac{\sin\dfrac{3}{x}}{\dfrac{3}{x}}\cdot 3=3$;

(5) $\lim\limits_{x\to 0}\dfrac{x^2}{\sin^2\dfrac{x}{3}}=\lim\limits_{x\to 0}9\left(\dfrac{\dfrac{x}{3}}{\sin\dfrac{x}{3}}\right)^2=9$;

(6) $\lim\limits_{x\to 0}\dfrac{\tan x-\sin x}{x}=\lim\limits_{x\to 0}\left(\dfrac{\tan x}{x}-\dfrac{\sin x}{x}\right)=0$;

(7) $\lim\limits_{x\to 0}\dfrac{x-\sin x}{x+\sin x}=\lim\limits_{x\to 0}\dfrac{1-\dfrac{\sin x}{x}}{1+\dfrac{\sin x}{x}}=0$;

(8) $\lim\limits_{x\to 0}\dfrac{1-\cos 2x}{x\sin x}=\lim\limits_{x\to 0}2\cdot\dfrac{\sin x}{x}=2$.

2. 求下列极限.

(1) $\lim\limits_{x\to\infty}\left(1+\dfrac{1}{x}\right)^{5x}$;

(2) $\lim\limits_{x\to\infty}\left(1-\dfrac{1}{x}\right)^{2x}$;

(3) $\lim\limits_{x\to\infty}\left(1+\dfrac{4}{x}\right)^{x+5}$;

(4) $\lim\limits_{x\to 0}(1-2x)^{\frac{1}{x}}$;

(5) $\lim\limits_{x\to 0}\left(\dfrac{3-x}{3}\right)^{\frac{2}{x}}$;

(6) $\lim\limits_{x\to\infty}\left(\dfrac{x-1}{x+1}\right)^{x}$;

(7) $\lim\limits_{x\to 0}(1+\tan x)^{\cot x}$;

(8) $\lim\limits_{x\to 1^+}(1+\ln x)^{\frac{3}{\ln x}}$.

解(1) $\lim\limits_{x\to\infty}(1+\frac{1}{x})^{5x}=\lim\limits_{x\to\infty}[(1+\frac{1}{x})^{x}]^{5}=e^{5}$;

(2) $\lim\limits_{x\to\infty}(1-\frac{1}{x})^{2x}=\lim\limits_{x\to\infty}[(1-\frac{1}{x})^{-x}]^{-2}=e^{-2}$;

(3) $\lim\limits_{x\to\infty}(1+\frac{4}{x})^{x+5}=\lim\limits_{x\to\infty}[(1+\frac{4}{x})^{\frac{x}{4}}]^{4}(1+\frac{4}{x})^{5}=e^{4}$;

(4) $\lim\limits_{x\to 0}(1-2x)^{\frac{1}{x}}=\lim\limits_{x\to 0}[(1-2x)^{-\frac{1}{2x}}]^{-2}=e^{-2}$;

(5) $\lim\limits_{x\to 0}(\frac{3-x}{3})^{\frac{2}{x}}=\lim\limits_{x\to 0}[(1-\frac{x}{3})^{-\frac{3}{x}}]^{-\frac{2}{3}}=e^{-\frac{2}{3}}$;

(6) $\lim\limits_{x\to\infty}(\frac{x-1}{x+1})^{x}=\lim\limits_{x\to\infty}[(1-\frac{2}{x+1})^{-\frac{x+1}{2}}]^{-2}\cdot(1-\frac{2}{x+1})^{-1}=e^{-2}$;

(7) $\lim\limits_{x\to 0}(1+\tan x)^{\cot x}=\lim\limits_{x\to 0}(1+\tan x)^{\frac{1}{\tan x}}=e$;

(8) $\lim\limits_{x\to 1^{+}}(1+\ln x)^{\frac{3}{\ln x}}=\lim\limits_{x\to 1^{+}}[(1+\ln x)^{\frac{1}{\ln x}}]^{3}=e^{3}$.

3. 利用极限存在准则证明.

(1) $\lim\limits_{n\to\infty}n(\frac{1}{n^2+\pi}+\frac{1}{n^2+2\pi}+\cdots+\frac{1}{n^2+n\pi})=1$;

(2) 数列$\sqrt{2}$,$\sqrt{2+\sqrt{2}}$,$\sqrt{2+\sqrt{2+\sqrt{2}}}$,… 的极限存在,并求极限.

证　(1) 因为

$$\frac{n^2}{n^2+n\pi}\leqslant n(\frac{1}{n^2+\pi}+\frac{1}{n^2+2\pi}+\cdots+\frac{1}{n^2+n\pi})\leqslant\frac{n^2}{n^2+\pi}$$

且

$$\lim_{n\to\infty}\frac{n^2}{n^2+\pi}=1,\quad\lim_{n\to\infty}\frac{n^2}{n^2+n\pi}=1$$

由夹逼准则得

$$\lim_{n\to\infty}n(\frac{1}{n^2+\pi}+\frac{1}{n^2+2\pi}+\cdots+\frac{1}{n^2+n\pi})=1$$

(2) 显然 $x_n<x_{n+1}$,故$\{x_n\}$是单调增加的. 下面用数学归纳法证明数列$\{x_n\}$有界. 因为 $x_1=\sqrt{2}<2$,假设 $x_k<2$,则有

$$x_{k+1}=\sqrt{2+x_k}<\sqrt{2+2}<2$$

故$\{x_n\}$是有界的. 根据单调有界准则,$\lim\limits_{n\to\infty}x_n$ 存在.

设$\lim\limits_{n\to\infty}x_n=A$,因为

$$x_{n+1}=\sqrt{2+x_n}$$

即

$$x_{n+1}^2=2+x_n$$

所以

$$\lim_{n\to\infty}x_{n+1}^2=\lim_{n\to\infty}(2+x_n)$$

即

$$A^2 = 2 + A$$

解得 $A = 2$ 或 $A = -1 < 0$(舍去).所以

$$\lim_{n \to \infty} x_n = 2$$

4. 已知 $\lim\limits_{x \to 0}(1 + kx)^{\frac{1}{x}} = e^5$($k$ 为常数),求 k 值.

解　要使 $\lim\limits_{x \to 0}(1 + kx)^{\frac{1}{x}} = e^5$,须满足 $\lim\limits_{x \to 0}[(1 + kx)^{\frac{1}{kx}}]^k = e^k = e^5$,于是 $k = 5$.

5. 已知 $\lim\limits_{x \to +\infty}\left(\frac{x + c}{x - c}\right)^x = 4$,求 c 值.

解　要使 $\lim\limits_{x \to +\infty}\left(\frac{x + c}{x - c}\right)^x = 4$,须满足 $\lim\limits_{x \to +\infty}\left[\left(1 + \frac{2c}{x - c}\right)^{\frac{x-c}{2c}}\right]^{2c} \cdot \left(1 + \frac{2c}{x - c}\right)^c = e^{2c} = 4$,于是得 $c = \ln 2$.

6. 有2 000元存入银行,按年利率6% 进行连续复利计算,问20年后的本利和为多少?

解　由题意得 $2\,000 \cdot e^{0.06 \times 20} \approx 6\,640$,所以最终收益约为6 640元.

7. 孩子出生后,父母拿出 P 元作为初始投资,希望到孩子20岁生日时增长到50 000元,如果投资按6% 连续复利计算,则初始投资应该是多少元?

解　由题意得 $50\,000 = Pe^{0.06 \times 20}$,解得 $P \approx 15\,059.71$,所以初始投资应该是15 059.71元.

习题1.6解答

1. 证明函数 $f(x) = \begin{cases} 1 - x^2, & x \geqslant 1 \\ x - 1, & x < 1 \end{cases}$ 在 $x = 1$ 处连续.

证　因为 $f(1^+) = \lim\limits_{x \to 1^+}(1 - x^2) = 0$,$f(1^-) = \lim\limits_{x \to 1^-}(x - 1) = 0$,且 $f(1) = 0$,所以 $f(1^+) = f(1^-) = f(1) = 0$,因此 $f(x)$ 在 $x = 1$ 处连续.

2. 设 $f(x) = \begin{cases} x, & 0 \leqslant x < 1 \\ -x^2 + 4x - 2, & 1 \leqslant x < 3 \\ 2 - x, & x \geqslant 3 \end{cases}$,试讨论函数 $f(x)$ 在 $x = 1$ 及 $x = 3$ 处的连续性.

解　因为 $f(1^+) = \lim\limits_{x \to 1^+}(-x^2 + 4x - 2) = 1$,$f(1^-) = \lim\limits_{x \to 1^-} x = 1$,且 $f(1) = 1$,所以 $f(1^+) = f(1^-) = f(1) = 1$,因此 $f(x)$ 在 $x = 1$ 处连续.

因为 $f(3^+) = \lim\limits_{x \to 3^+}(2 - x) = -1$,$f(3^-) = \lim\limits_{x \to 3^-}(-x^2 + 4x - 2) = 1$,所以 $f(3^+) \neq f(3^-)$,因此 $f(x)$ 在 $x = 3$ 处不连续.

3. 求下列函数的连续区间.

(1) $y = \ln(1 + x)$;　　　　(2) $y = \cos^2\left(1 - \frac{1}{x}\right)$;

(3) $f(x) = \begin{cases} -x^2, & -\infty < x \leqslant -1 \\ 2x + 1, & -1 < x \leqslant 1 \\ 4 - x, & 1 < x < +\infty \end{cases}$.

解　(1) 由 $1+x>0$ 得 $x>-1$,连续区间为 $(-1,+\infty)$;

(2) 连续区间为 $(-\infty,0)\cup(0,+\infty)$;

(3) 连续区间为 $(-\infty,+\infty)$.

4. 函数 $f(x)=\begin{cases}x^2-1, & 0\leqslant x\leqslant 1\\ x+1, & x>1\end{cases}$ 在 $x=\dfrac{1}{2}$,$x=1$,$x=2$ 处是否连续?

解　因为 $\lim\limits_{x\to\frac{1}{2}}f(x)=\lim\limits_{x\to\frac{1}{2}}(x^2-1)=-\dfrac{3}{4}=f\left(\dfrac{1}{2}\right)$,所以 $f(x)$ 在 $x=\dfrac{1}{2}$ 处连续;

因为 $f(1^+)=\lim\limits_{x\to1^+}(x+1)=2$,$f(1^-)=\lim\limits_{x\to1^-}(x^2-1)=0$,所以 $f(1^+)\neq f(1^-)$,因此 $f(x)$ 在 $x=1$ 处不连续;

因为 $\lim\limits_{x\to2}f(x)=\lim\limits_{x\to2}(x+1)=3=f(2)$,所以 $f(x)$ 在 $x=2$ 处连续.

5. 求下列函数的间断点并指出类型.

(1) $y=\dfrac{1}{x+1}$;　　(2) $y=x\sin\dfrac{1}{x}$;

(3) $y=\dfrac{x^2-1}{x^2-3x+2}$;　　(4) $y=(1+x)^{\frac{1}{x}}$.

解　(1) 因为 $\lim\limits_{x\to-1}\dfrac{1}{x+1}=\infty$,所以点 $x=-1$ 是第二类无穷间断点.

(2) 因为 $f(x)$ 在点 $x=0$ 处无定义,且 $\lim\limits_{x\to0}x\sin\dfrac{1}{x}=0$,所以点 $x=0$ 是第一类可去间断点.

(3) 因为 $f(x)$ 在点 $x=1,2$ 处无定义,且 $\lim\limits_{x\to1}\dfrac{x^2-1}{x^2-3x+2}=-2$,$\lim\limits_{x\to2}\dfrac{x^2-1}{x^2-3x+2}=\infty$,所以点 $x=1$ 是第一类可去间断点;点 $x=2$ 是第二类无穷间断点.

(4) 因为 $f(x)$ 在点 $x=0$ 处无定义,且 $\lim\limits_{x\to0}(1+x)^{\frac{1}{x}}=\mathrm{e}$,所以点 $x=0$ 是第一类可去间断点.

6. 判断下列函数在 $x=0$ 处是否连续.

(1) $f(x)=\begin{cases}(1-x)\dfrac{1}{x}, & x\neq0\\ \mathrm{e}, & x=0\end{cases}$;

(2) $f(x)=\begin{cases}1+\cos x, & x\leqslant0\\ \dfrac{\ln(1+2x)}{x}, & x>0\end{cases}$.

解　(1) 因为 $\lim\limits_{x\to0}f(x)=\lim\limits_{x\to0}(1-x)^{\frac{1}{x}}=\mathrm{e}^{-1}$,而 $f(0)=\mathrm{e}$,所以 $f(x)$ 在 $x=0$ 处不连续;

(2) 因为 $\lim\limits_{x\to0^+}f(x)=\lim\limits_{x\to0^+}\dfrac{\ln(1+2x)}{x}=\lim\limits_{x\to0^+}2\ln(1+2x)^{\frac{1}{2x}}=2$,$\lim\limits_{x\to0^-}f(x)=\lim\limits_{x\to0^-}(1+\cos x)=2$,且 $f(0)=2$,所以 $f(x)$ 在 $x=0$ 处连续.

7. 设 $f(x)=\begin{cases}ax^2+bx, & x<1\\ 3, & x=1\\ 2a-bx, & x>1\end{cases}$,试确定 a,b 的值,使 $f(x)$ 在 $x=1$ 处连续.

解　$f(1^+)=\lim\limits_{x\to 1^+}(2a-bx)=2a-b$,$f(1^-)=\lim\limits_{x\to 1^-}(ax^2+bx)=a+b$,且$f(1)=3$,要使$f(x)$在$x=1$处连续,须满足$f(1^+)=f(1^-)=f(1)$,即$\begin{cases}a+b=3\\2a-b=3\end{cases}$,解得$\begin{cases}a=2\\b=1\end{cases}$.

8. 设函数$f(x)=\begin{cases}\dfrac{e^{2x}-1}{x}, & x>0\\ a, & x=0\\ \cos x+b, & x<0\end{cases}$在$(-\infty,+\infty)$上连续,求常数$a,b$的值.

解　$f(0^+)=\lim\limits_{x\to 0^+}\dfrac{e^{2x}-1}{x}=\lim\limits_{x\to 0^+}\dfrac{2x}{x}=2$,$f(0^-)=\lim\limits_{x\to 0^-}(\cos x+b)=1+b$,要使$f(x)$在点$x=0$处连续,须满足$f(0^+)=f(0^-)=f(0)$,于是得$a=1+b=2$,即$a=2,b=1$.

9. 求下列函数的极限.

(1) $\lim\limits_{x\to 2}\sqrt{2x^2+5x-1}$;　　(2) $\lim\limits_{x\to 0}\dfrac{2-\cos x}{\cot(1+x)}$;

(3) $\lim\limits_{x\to 0}\dfrac{\ln(1+x^2)}{\sin(1+x^2)}$;　　(4) $\lim\limits_{x\to \frac{1}{2}}x\ln(1+\dfrac{1}{x})$;

(5) $\lim\limits_{x\to 0}\dfrac{x^2}{1-\sqrt{1+x^2}}$;　　(6) $\lim\limits_{x\to 0}\dfrac{\ln(1+5x)}{x}$;

(7) $\lim\limits_{x\to 0}\dfrac{\ln(1+2x)}{\tan 5x}$.

解　(1) $\lim\limits_{x\to 2}\sqrt{2x^2+5x-1}=\sqrt{17}$;

(2) $\lim\limits_{x\to 0}\dfrac{2-\cos x}{\cot(1+x)}=\dfrac{\lim\limits_{x\to 0}(2-\cos x)}{\lim\limits_{x\to 0}\cot(1+x)}=\dfrac{1}{\cot 1}=\tan 1$;

(3) $\lim\limits_{x\to 0}\dfrac{\ln(1+x^2)}{\sin(1+x^2)}=\dfrac{\lim\limits_{x\to 0}\ln(1+x^2)}{\lim\limits_{x\to 0}\sin(1+x^2)}=\dfrac{0}{\sin 1}=0$;

(4) $\lim\limits_{x\to \frac{1}{2}}x\ln(1+\dfrac{1}{x})=\lim\limits_{x\to \frac{1}{2}}x\cdot\lim\limits_{x\to \frac{1}{2}}\ln(1+\dfrac{1}{x})=\dfrac{1}{2}\ln 3$;

(5) $\lim\limits_{x\to 0}\dfrac{x^2}{1-\sqrt{1+x^2}}=\lim\limits_{x\to 0}\dfrac{x^2(1+\sqrt{1+x^2})}{(1-\sqrt{1+x^2})(1+\sqrt{1+x^2})}=-\lim\limits_{x\to 0}(1+\sqrt{1+x^2})=-2$;

(6) $\lim\limits_{x\to 0}\dfrac{\ln(1+5x)}{x}=\lim\limits_{x\to 0}5\ln(1+5x)^{\frac{1}{5x}}=5$;

(7) $\lim\limits_{x\to 0}\dfrac{\ln(1+2x)}{\tan x}=\lim\limits_{x\to 0}\dfrac{2x}{5x}=\dfrac{3}{5}$.

10. 求证方程$x^5-3x=1$至少有一个实根介于1和2之间.

证　令$f(x)=x^5-3x-1$,易见$f(x)$在$[1,2]$上连续,$f(1)=-3<0$,$f(2)=25>0$,由零点定理知,至少存在一点$\xi\in(1,2)$,使得$f(\xi)=0$,即方程$x^5-3x=1$至少有一个实根介于1和2之间.

11. 证明:超越方程$e^x+\sin x=2$至少存在一个小于1的正根.

证　设 $f(x)=e^x+\sin x-2$，显然函数 $f(x)$ 在 $[0,1]$ 上连续，且 $f(0)=-1<0$，$f(1)=e+\sin 1-2>0$，由零点定理得，至少存在一点 $\xi\in(0,1)$，使得 $f(\xi)=0$，即方程 $e^x+\sin x=2$ 至少存在一个小于1的正根.

12. 设 $f(x)$ 在 $[0,1]$ 上连续，且 $f(0)=0$，$f(1)=3$. 证明：存在 $\xi\in(0,1)$，使 $f(\xi)=e^{\xi}$.

证　设 $F(x)=f(x)-e^x$，显然 $F(x)$ 在 $[0,1]$ 上连续，且 $F(0)=f(0)-e^0=-1<0$，$F(1)=f(1)-e^1=3-e>0$，由零点定理得，至少存在一点 $\xi\in(0,1)$，使得 $F(\xi)=0$，即 $f(\xi)=e^{\xi}$.

1.4　验收测试题

1. 填空题.

(1) 已知 $f(x-1)=x^2+1$，则 $f(x)=$________.

(2) $\lim\limits_{x\to\infty}\left(x\sin\frac{1}{x}-\frac{\sin x}{x}\right)=$________.

(3) 极限 $\lim\limits_{x\to 0}(x+e^x)^{\frac{1}{x}}=$________.

(4) 点 $x=0$ 是函数 $f(x)=\dfrac{1-\cos x}{x^2}$ 的________间断点.

(5) 设 $f(x)=\begin{cases}2e^x, & x<0\\ 1, & x=0\\ 2x+a, & x>0\end{cases}$，若 $\lim\limits_{x\to 0}f(x)$ 存在，则 $a=$________.

(6) 若 $\lim\limits_{x\to 0}\dfrac{3\sin mx}{2x}=\dfrac{2}{3}$，则 $m=$________.

(7) 若 $\lim\limits_{x\to\infty}\left(1+\dfrac{5}{x}\right)^{-kx}=e^{-10}$，则 $k=$________.

(8) 当 $x\to 0$ 时，ax 与 $e^{2x}-1$ 是等价无穷小，则常数 $a=$________.

(9) 当 $x\to 0$ 时，ax^2 与 $\tan\dfrac{x^2}{3}$ 等价，则 $a=$________.

2. 选择题.

(1) 当 $x\to x_0$ 时，$f(x)$ 有极限，$g(x)$ 没有极限，则下列结论中正确的是(　　).

A. $f(x)g(x)$ 当 $x\to x_0$ 时必无极限

B. $f(x)g(x)$ 当 $x\to x_0$ 时可能有极限，也可能无极限

C. $f(x)g(x)$ 当 $x\to x_0$ 时必有极限

D. 若 $f(x)g(x)$ 当 $x\to x_0$ 时有极限，则极限必为零

(2) 设 $0<a<b$，则 $\lim\limits_{n\to\infty}\sqrt[n]{a^n+b^n}=$(　　).

A. a　　B. b　　C. 1　　D. $a+b$

(3) 函数 $f(x)=\begin{cases}2e^x, & x<0\\ a+x, & x\geqslant 0\end{cases}$ 在 $(-\infty,+\infty)$ 上连续，则 $a=$(　　).

A. 1　　B. 2　　C. -1　　D. 3

(4) 如果函数$f(x)$的定义域是$[1,2]$,则$f(1-\ln x)$的定义域是(　　).

A. $[1,1-\ln 2]$　　B. $(0,1)$

C. $[1,e]$　　D. $\left[\frac{1}{e},1\right]$

(5) 当$x\to x_0$时,$f(x)=\frac{|x-x_0|}{x-x_0}$极限为(　　).

A. 1　　B. -1

C. 0　　D. 不存在

(6) 函数$f(x)$在点x_0极限存在,是函数在该点连续的(　　).

A. 必要条件　　B. 充分条件

C. 充要条件　　D. 无关条件

(7) $\lim\limits_{x\to 0}\frac{x^2\sin\frac{1}{x}}{\sin x}$的值为(　　).

A. 1　　B. ∞

C. 不存在　　D. 0

(8) $\lim\limits_{x\to 1}\frac{\sin^2(1-x)}{(x-1)^2(x+2)}=$(　　).

A. $\frac{1}{3}$　　B. $-\frac{1}{3}$

C. 0　　D. ∞

(9) 当$x\to 0$时,无穷小量$\alpha=x^2$与$\beta=1-\sqrt{1-2x^2}$的关系是(　　).

A. β是比α较高阶的无穷小量　　B. β是比α较低阶的无穷小量

C. β是与α同阶非等价的无穷小量　　D. β与α是等价的无穷小量

(10) 极限$\lim\limits_{x\to 0}\frac{\ln(1+2x^2)}{x\sin x}=$(　　).

A. 0　　B. 1　　C. 2　　D. ∞

1.5　验收测试题答案

1. 填空题.

(1) x^2+2x+2;　(2) 1;　(3) e^2;　(4) 第一类(可去);

(5) 2;　(6) $\frac{4}{9}$;　(7) 2;　(8) 2;

(9) $\frac{1}{3}$.

2. 选择题.

(1) B;　(2) B;　(3) B;　(4) D;　(5) D;

(6) A;　(7) D;　(8) A;　(9) D;　(10) C.

1.6　课外阅读

极限思想的起源与发展

如果把数学比作一个浩瀚无边而又奇异神秘的宇宙，那么极限思想就是这个宇宙中最闪亮、最神秘、最牵动人心的恒星之一. 极限思想的发展历程大致可以分为三个阶段 —— 萌芽阶段、发展阶段和完善阶段.

数学家拉夫连季耶夫曾说："数学极限法的创造，是对那些不能够用算术、代数和初等几何等简单方法来求解的问题进行了许多个世纪的顽强探索的结果. "极限思想的历史可谓源远流长，一直可以追溯到2 000多年前，这一时期可以称作极限思想的萌芽阶段，其突出特点为人们已经开始意识到极限的存在，并且会运用极限思想解决一些实际问题，但是还不能够对极限思想得出一个抽象的概念. 也就是说，这时的极限思想建立在一种直观的原始基础上，没有上升到理论层面，人们还不能够系统而清晰地利用极限思想解释现实问题. 极限思想的萌芽阶段以古希腊的芝诺，中国古代的惠施、刘徽、祖冲之等人物为代表.

提到极限思想，就不得不提到著名的阿基里斯悖论 —— 一个困扰了数学界十几个世纪的问题. 阿基里斯悖论是由古希腊的著名哲学家芝诺提出的，他的话援引如下："阿基里斯（希腊神话中的英雄，以跑步快而闻名）要追上他前面的乌龟，必须先到达乌龟的出发点，而那时乌龟又已经跑过前面一段路了，如此下去，他永远不能追上乌龟. "就是这样一个从直觉与现实两个角度都不可能的问题困扰了世人十几个世纪. 直至 17 世纪，随着微积分的发展，极限的概念得到进一步的完善，阿基里斯悖论对人们造成的困惑才得以解除. 无独有偶，我国春秋战国时期的哲学名著《庄子 · 天下》记载着惠施的一句名言："一尺之棰，日取其半，万世不竭. "也就是说，一尺长的棍棒，每天截取它的一半，随着时间的流逝，棍棒会越来越短，但又永远不会等于零，这更是从直观上体现了极限思想. 我国古代的刘徽计算圆周率时所采用的"割圆术"则是极限思想的一种基本应用. 所谓"割圆术"，就是用半径为 R 的圆内接正多边形的面积近似计算圆的面积，随着边数 n 的增多，多边形的面积 A 越来越接近于圆的面积 πR^2. 在有限次的逼近过程中，用正多边形的面积来逼近圆的面积，只能达到近似的程度. 但可以想象，如果把这个过程无限次地继续下去，就能得到精确的圆的面积.

以上内容都是极限思想萌芽阶段的一些表现，尽管在这一阶段人们没有明确提出极限这一概念，但是哲人们留下的这些生动事例却是激发后人继续积极探索极限、发展极限思想的不竭动力. 极限的发展阶段在 16 ~ 17 世纪，这一阶段，真正意义上的极限得以产生，从这一时期开始，极限便与微积分密不可分，并且最终成为微积分的直接基础. 尽管极限概念被明确提出，但是它仍然过于直观，与数学上追求严密的原则相抵触.

于是，人们继续对极限进行深入的探索，推动极限进入了发展的第三个阶段 —— 完善阶段. 值得注意的是，极限思想的完善与微积分的严格化密切相关. 18 世纪，罗宾斯、达朗贝尔与罗伊里艾等人先后明确地表示必须将极限作为微积分的基础，并且都对极限做出了定义,然而他们仍然没有摆脱对几何直观的依赖. 尽管如此,他们对极限的定义也是有所突破的,极限思想也是无时无刻不在进步的.

直至19世纪,魏尔斯·特拉斯提出了极限的静态定义,其定义如下:所谓 $x_n = A$,是指对任何 $\varepsilon > 0$,总存在自然数 N,使得当 $n > N$ 时,不等式 $|x_n - A| < \varepsilon$ 恒成立. 在这一定义中,“无限”“接近” 等字样消失了,取而代之的是数字及其大小关系. 排除了极限概念中的直观痕迹,这一定义被认为是严格的. 数学极限的“$\varepsilon - N$” 定义远没有建立在运动和直观基础上的描述性定义易于理解,这也体现出了数学概念的抽象性. 概念越抽象、越远离原型,反而越能精确地反映原型的本质. 至此,极限终于迎来了严格意义上的定义,为以后极限思想的进一步发展以及微积分的发展开辟了新的道路.

在极限思想的发展历程中,变量与常量、有限与无限、近似与精确的对立统一关系体现得淋漓尽致. 从这里可以看出数学并不是自我封闭的学科,它与其他学科有着千丝万缕的联系,正如一位哲人所说:“数学不仅是一种方法、一门艺术或一种语言,数学更是一类有着丰富内容的知识体系.”

第 2 章

导数与微分

2.1 内容提要

1. 导数概念

设函数 $y=f(x)$ 在点 x_0 的某邻域 $\cup(x_0)$ 内有定义，当自变量在点 x_0 产生一个改变量 $\Delta x(\Delta x\neq 0)$ 时，函数 y 的改变量 $\Delta y=f(x_0+\Delta x)-f(x_0)$. 如果

$$\lim_{\Delta x\to 0}\frac{\Delta y}{\Delta x}=\lim_{\Delta x\to 0}\frac{f(x_0+\Delta x)-f(x_0)}{\Delta x}$$

存在，则称函数 $f(x)$ 在点 x_0 可导，点 x_0 为 $f(x)$ 的可导点，并称此极限值为函数 $f(x)$ 在点 x_0 的导数（或微商），记为 $y'|_{x=x_0}$，$f'(x_0)$，$\frac{\mathrm{d}y}{\mathrm{d}x}\Big|_{x=x_0}$ 或 $\frac{\mathrm{d}f(x)}{\mathrm{d}x}\Big|_{x=x_0}$.

2. 导数的物理意义

如果物体沿直线运动的规律是 $s=s(t)$，则物体在时刻 t_0 的瞬时速度 v_0 是 $s(t)$ 在 t_0 的导数 $s'(t_0)$.

3. 导数的几何意义

如果曲线的方程是 $y=f(x)$，则曲线在点 $P(x_0,y_0)$ 处切线的斜率是 $f(x)$ 在 x_0 的导数 $f'(x_0)$.

4. 左导数和右导数

左导数：$f'_-(x_0)=\lim\limits_{x\to x_0^-}\frac{f(x)-f(x_0)}{x-x_0}$；

右导数：$f'_+(x_0)=\lim\limits_{x\to x_0^+}\frac{f(x)-f(x_0)}{x-x_0}$.

5. 可导与连续的关系

若函数 $f(x)$ 在点 x_0 可导，则函数 $f(x)$ 在点 x_0 连续.

6. 求导法则

(1) 函数的线性组合及积、商的求导法则.

定理 1 设函数 $u(x)$ 与 $v(x)$ 在点 x 处可导，则函数 $au(x)+bv(x)$，$u(x)v(x)$，$\frac{u(x)}{v(x)}$（其中 $v(x)\neq 0$）在点 x 处也可导，且有：

①$[au(x)+bv(x)]'=au'(x)+bv'(x)$;

② $[u(x)v(x)]'=u(x)v'(x)+u'(x)v(x)$;

③ $\left[\dfrac{u(x)}{v(x)}\right]'=\dfrac{u'(x)v(x)-u(x)v'(x)}{[v(x)]^2}$.

(2) 反函数的求导法则.

定理 2 设函数 $x=\varphi(y)$ 在区间 I_y 内单调、可导,且 $\varphi'(y)\neq 0$. 则它的反函数 $y=f(x)$ 在区间 $I_x=\{x \mid x=\varphi(y), y\in I_y\}$ 内也单调、可导,且有

$$f'(x)=\frac{1}{\varphi'(y)}$$

(3) 复合函数的求导法则.

定理 3(链式法则) 设函数 $u=g(x)$ 在点 x 处可导,而函数 $y=f(u)$ 在相应点 $u=g(x)$ 处也可导,则复合函数 $y=f[g(x)]$ 在点 x 处可导,且

$$\frac{\mathrm{d}y}{\mathrm{d}x}=f'(u)\cdot g'(x) \quad 或 \quad \frac{\mathrm{d}y}{\mathrm{d}x}=\frac{\mathrm{d}y}{\mathrm{d}u}\cdot\frac{\mathrm{d}u}{\mathrm{d}x}$$

7. 基本初等函数的导数公式

(1) $(C)'=0$,其中 C 是常数;

(2) $(x^{\mu})'=\mu x^{\mu-1}$,其中 μ 是实数;

(3) $(\log_a x)'=\dfrac{1}{x}\log_a \mathrm{e}$;

(4) $(\ln x)'=\dfrac{1}{x}$;

(5) $(a^x)'=a^x\ln a$;

(6) $(\mathrm{e}^x)'=\mathrm{e}^x$;

(7) $(\sin x)'=\cos x$;

(8) $(\cos x)'=-\sin x$;

(9) $(\tan x)'=\sec^2 x$;

(10) $(\cot x)'=-\csc^2 x$;

(11) $(\sec x)'=\tan x\sec x$;

(12) $(\csc x)'=-\cot x\csc x$;

(13) $(\arcsin x)'=\dfrac{1}{\sqrt{1-x^2}}$;

(14) $(\arccos x)'=-\dfrac{1}{\sqrt{1-x^2}}$;

(15) $(\arctan x)'=\dfrac{1}{1+x^2}$;

(16) $(\mathrm{arccot}\, x)'=-\dfrac{1}{1+x^2}$;

(17) $(\mathrm{sh}\, x)'=\mathrm{ch}\, x$;

(18) $(\mathrm{ch}\, x)'=\mathrm{sh}\, x$.

8. 高阶导数

(1) 高阶导数的概念.

函数 $y=f(x)$ 的 n 阶导数为 $y=f(x)$ 的 $(n-1)$ 阶导数 $f^{(n-1)}(x)$ 的导数,记作 $y^{(n)}$, $f^{(n)}(x)$, $\dfrac{\mathrm{d}^n y}{\mathrm{d}x^n}$ 或 $\dfrac{\mathrm{d}^n f(x)}{\mathrm{d}x^n}$.

(2) 高阶导数的求导方法.

莱布尼茨(Leibniz) 公式

$$(uv)^{(n)}=u^{(n)}v+\mathrm{C}_n^1u^{(n-1)}v'+\mathrm{C}_n^2u^{(n-2)}v''+\cdots+\mathrm{C}_n^k u^{(n-k)}v^{(k)}+\cdots+uv^{(n)}$$

9. 隐函数导数

(1) 隐函数的概念.

(2) 隐函数的求导方法.

10. 参数方程求导公式

$\frac{dy}{dx} = \frac{\frac{dy}{dt}}{\frac{dx}{dt}} = \frac{\psi'(t)}{\varphi'(t)}$，参数方程的一般形式是$\begin{cases} x = \varphi(t) \\ y = \psi(t) \end{cases}$，$\alpha \leqslant t \leqslant \beta$.

11. 微分

(1) 微分的概念.

设函数 $y = f(x)$ 在某区间 I 内有定义，当自变量 x 在点 x_0 处产生一个改变量 Δx(其中 $x_0, x_0 + \Delta x \in I$) 时，函数的改变量 $\Delta y = f(x_0 + \Delta x) - f(x_0)$ 与 Δx 有下列关系：

$$\Delta y = A\Delta x + o(\Delta x)$$

式中，A 是与 Δx 无关的常数，则称函数 $f(x)$ 在点 x_0 处可微，称 $A\Delta x$ 为函数 $f(x)$ 在点 x_0 处的微分，记为 $dy|_{x=x_0}$.

(2) 可微的充分必要条件.

定理 4　函数 $y = f(x)$ 在点 x_0 处可微的充分必要条件是函数 $y = f(x)$ 在点 x_0 处可导，并且 $dy|_{x=x_0} = f'(x_0)\Delta x$.

(3) 微分的四则运算.

$$d(au + bv) = adu + bdv$$

$$d(u \cdot v) = vdu + udv$$

$$d(Cu) = Cdu$$

$$d\left(\frac{u}{v}\right) = \frac{vdu - udv}{v^2}$$

式中，$v \neq 0$.

(4) 微分在近似运算中的应用.

$$f(x_0 + \Delta x) \approx f(x_0) + f'(x_0)\Delta x$$

特别地，当 $x_0 = 0$，$\Delta x = x$ 且 $|x|$ 充分小时，上式写为

$$f(x) \approx f(0) + f'(0)x$$

2.2　典型题精解

例 1　求函数 $y = \sqrt{x} + \sin x + 5$ 的导数.

解　$y' = (\sqrt{x} + \sin x + 5)' = (\sqrt{x})' + (\sin x)' + (5)' = \frac{1}{2\sqrt{x}} + \cos x$.

例 2　求函数 $y = \sqrt{x}\sin x$ 的导数.

解　$y' = (\sqrt{x}\sin x)' = \sqrt{x}(\sin x)' + \sin x(\sqrt{x})' =$

$$\sqrt{x}\cos x + \sin x \cdot \frac{1}{2\sqrt{x}} = \sqrt{x}\cos x + \frac{\sin x}{2\sqrt{x}}.$$

例 3　求由方程 $e^y + xy - e = 0$ 所确定的隐函数 $y = f(x)$ 的导数$\frac{dy}{dx}$.

解　将方程两端对 x 求导数,注意 y 是 x 的函数,有

$$e^y\frac{dy}{dx}+(y+x\frac{dy}{dx})=0$$

解得$\frac{dy}{dx}=-\frac{y}{x+e^y}$,其中 $x+e^y\neq 0$.

例 4　求由方程 $e^y=xy$ 所确定的隐函数 $y=f(x)$ 的二阶导数 y''.

解　将方程两端对 x 求导数,注意 y 是 x 的函数,有

$$e^y\cdot y'=y+xy'$$

解得

$$y'=\frac{y}{e^y-x}$$

上式两边再对 x 求导,得

$$y''=\frac{y'(e^y-x)-y(e^yy'-1)}{(e^y-x)^2}=\frac{y'(e^y-ye^y-x)+y}{(e^y-x)^2}=$$

$$\frac{y(2e^y-ye^y-2x)}{(e^y-x)^3},\quad e^y-x\neq 0$$

例 5　半径为 10 cm 的金属圆片加热后,其半径伸长了 0.05 cm,问面积约增大了多少?

解　设面积为 S,半径为 r,则 $S=\pi r^2$,取 $r_0=10,\Delta r=0.05$,由公式有

$$\Delta S\approx dS=2\pi\cdot rdr=2\pi\times 10\times 0.05=\pi\ (cm^2)$$

例 6　计算$\sqrt[3]{8.02}$ 的近似值.

解　设 $f(x)=\sqrt[3]{x}$,则 $f'(x)=\frac{1}{3}x^{-\frac{2}{3}}$,取 $x_0=8,\Delta x=0.02$,由公式有

$$f(x_0+\Delta x)=f(8+0.02)=\sqrt[3]{8.02}\approx f(x_0)+dy=\sqrt[3]{8}+\frac{1}{3}\times 8^{-\frac{2}{3}}\times 0.02=2.0017$$

2.3　同步题解析

习题 2.1 解答

1. 设 $f(x)$ 在点 x_0 处可导,求下列各式的值.

(1) $\lim\limits_{\Delta x\to 0}\frac{f(x_0+2\Delta x)-f(x_0)}{\Delta x}$;　　(2) $\lim\limits_{\Delta x\to 0}\frac{f(x_0-\Delta x)-f(x_0)}{\Delta x}$;

(3) $\lim\limits_{\Delta x\to 0}\frac{f(x_0+\Delta x)-f(x_0)}{\Delta x}$;　　(4) $\lim\limits_{h\to 0}\frac{f(x_0-2h)-f(x_0)}{h}$.

解　(1) $\lim\limits_{\Delta x\to 0}\frac{f(x_0+2\Delta x)-f(x_0)}{\Delta x}=2\lim\limits_{\Delta x\to 0}\frac{f(x_0+2\Delta x)-f(x_0)}{2\Delta x}=2f'(x_0)$;

(2) $\lim\limits_{\Delta x\to 0}\frac{f(x_0-\Delta x)-f(x_0)}{\Delta x}=-\lim\limits_{\Delta x\to 0}\frac{f(x_0-\Delta x)-f(x_0)}{-\Delta x}=-f'(x_0)$;

(3) $\lim\limits_{\Delta x \to 0} \dfrac{f(x_0 + \Delta x) - f(x_0)}{\Delta x} = f'(x_0)$;

(4) $\lim\limits_{h \to 0} \dfrac{f(x_0 - 2h) - f(x_0)}{h} = -2 \lim\limits_{h \to 0} \dfrac{f(x_0 - 2h) - f(x_0)}{-2h} = -2f'(x_0)$.

2. 求曲线 $y = x^2$ 在(1,1) 处的切线方程.

解　因为 $y' = 2x$,由导数的几何意义可知,切线的斜率是 $k = y'|_{x=1} = 2$. 所以,曲线的切线方程是

$$y - 1 = 2(x - 1)$$

即

$$2x - y - 1 = 0$$

3. 利用导数定义,求函数 $y = \ln(1 + x^2)$ 在 $x = 0$ 处的导数.

解　$y'(0) = \lim\limits_{\Delta x \to 0} \dfrac{\ln(1 + \Delta x^2) - \ln 1}{\Delta x} = \lim\limits_{\Delta x \to 0} \Delta x \cdot \ln(1 + \Delta x^2)^{\frac{1}{\Delta x^2}} = 0$.

4. 已知 $f(x) = \begin{cases} x^2, & x \geqslant 0 \\ -x, & x < 0 \end{cases}$,求 $f'_+(0)$ 及 $f'_-(0)$,并且说明 $f'(0)$ 是否存在.

解

$$f'_+(0) = \lim_{\Delta x \to 0^+} \frac{f(0 + \Delta x) - f(0)}{\Delta x} = \lim_{\Delta x \to 0^+} \frac{\Delta x^2 - 0}{\Delta x} = 0$$

$$f'_-(0) = \lim_{\Delta x \to 0^-} \frac{f(0 + \Delta x) - f(0)}{\Delta x} = \lim_{\Delta x \to 0^-} \frac{-\Delta x - 0}{\Delta x} = -1$$

因为 $f'_+(0) \neq f'_-(0)$,所以 $f'(0)$ 不存在.

5. 求曲线 $y = \sqrt{x}$ 在 $x = 4$ 处的切线方程与法线方程.

解　因为 $y' = \dfrac{1}{2\sqrt{x}}$,$y'|_{x=4} = \dfrac{1}{4}$,且当 $x = 4$ 时,$y = 2$.

所以切线方程为 $y - 2 = \dfrac{1}{4}(x - 4)$,即 $x - 4y + 4 = 0$.

法线方程为 $y - 2 = -4(x - 4)$,即 $4x + y - 18 = 0$.

6. 若函数 $f(x) = \begin{cases} e^x, & x < 0 \\ a + bx, & x \geqslant 0 \end{cases}$ 在点 $x = 0$ 处可导,求 a 和 b 的值.

解　$f'_+(0) = \lim\limits_{\Delta x \to 0^+} \dfrac{a + b\Delta x - a}{\Delta x} = b$,$f'_-(0) = \lim\limits_{\Delta x \to 0^-} \dfrac{e^{\Delta x} - 1}{\Delta x} = \lim\limits_{\Delta x \to 0^-} \dfrac{\Delta x}{\Delta x} = 1$,要使得 $f(x)$ 在 $x = 0$ 处可导,须满足 $f'_+(0) = f'_-(0)$,于是有 $b = 1$. $f(0^+) = \lim\limits_{x \to 0^+}(a + bx) = a$,$f(0^-) = \lim\limits_{x \to 0^-} e^x = 1$,要使得 $f(x)$ 在 $x = 0$ 处连续,须满足 $f(0^+) = f(0^-)$,于是有 $a = 1$.

7. 讨论函数 $f(x) = \begin{cases} x^2 + 1, & x \leqslant 1 \\ 3 - x, & x > 1 \end{cases}$ 在点 $x = 1$ 处的连续性和可导性.

解

$$f'_+(1) = \lim_{\Delta x \to 1^+} \frac{3 - (1 + \Delta x) - (3 - 1)}{\Delta x} = -1$$

$$f'_-(1) = \lim_{\Delta x \to 1^-} \frac{(1 + \Delta x)^2 + 1 - (1 + 1)}{\Delta x} = 2$$

因为$f'_+(1) \neq f'_-(1)$，所以$f(x)$在$x=1$处不可导. $f(1^+)=\lim\limits_{x\to 1^+}(3-x)=2$，$f(1^-)=\lim\limits_{x\to 1^-}(x^2+1)=2$，因为$f(1^+)=f(1^-)=f(1)=2$，所以$f(x)$在$x=1$处连续.

8. 函数$f(x)=\begin{cases} x^2\sin\dfrac{1}{x}, & x\neq 0 \\ 0, & x=0 \end{cases}$在点$x=0$点是否连续？是否可导？

解　因为$f'(0)=\lim\limits_{\Delta x\to 0}\dfrac{\Delta x^2\sin\dfrac{1}{\Delta x}-0}{\Delta x}=0$，所以$f(x)$在$x=0$处可导，因此$f(x)$在$x=0$处连续.

习题 2.2 解答

1. 求下列函数的导数.

(1) $y=x^3+\dfrac{1}{x^3}+3$；

(2) $y=\sqrt{x}-\dfrac{1}{\sqrt{x}}+\sqrt{2}$；

(3) $f(x)=2x^3-5x^2+\ln 3$；

(4) $f(x)=3\sin x+2\ln x+\cos\dfrac{\pi}{3}$；

(5) $y=\cos x-2e^x+\csc x$；

(6) $y=x^5+5^x$；

(7) $y=x^2\sin x$；

(8) $f(x)=x^3\ln x$；

(9) $u=\varphi\cos\varphi+\sin\varphi$；

(10) $y=x\sec x+\tan x$；

(11) $y=\dfrac{x-1}{x+1}$；

(12) $y=\dfrac{\ln x}{x}$；

(13) $y=\dfrac{1+\sqrt{x}}{1-\sqrt{x}}$；

(14) $u=\dfrac{\sin x}{1+\cos x}$；

(15) $f(x)=\dfrac{1-\ln x}{1+\ln x}$；

(16) $y=\dfrac{1+\sin x}{1+\cos x}$；

(17) $y=x\sin x\ln x$；

(18) $y=2e^x\cos x$.

解　(1) $y'=3x^2-\dfrac{3}{x^4}$；

(2) $y'=\dfrac{1}{2}x^{-\frac{1}{2}}+\dfrac{1}{2}x^{-\frac{3}{2}}$；

(3) $f'(x)=6x^2-10x$；

(4) $f'(x)=3\cos x+\dfrac{2}{x}$；

(5) $y'=-\sin x-2e^x-\csc x\cot x$；

(6) $y'=5x^4+5^x\ln 5$；

(7) $y'=2x\sin x+x^2\cos x$；

(8) $f'(x)=3x^2\ln x+x^2$；

(9) $u'=2\cos\varphi-\varphi\sin\varphi$；

(10) $y'=\sec x(1+x\tan x+\sec x)$；

(11) $y'=\dfrac{2}{(x+1)^2}$；

(12) $y'=\dfrac{1-\ln x}{x^2}$；

(13) $y'=\dfrac{1}{\sqrt{x}(1-\sqrt{x})^2}$；

(14) $u'=\dfrac{1}{1+\cos x}$；

(15) $f'(x)=-\dfrac{2}{x(1+\ln x)^2}$；

(16) $y'=\dfrac{1+\sin x+\cos x}{(1+\cos x)^2}$；

(17) $y' = \ln x(\sin x + x\cos x) + \sin x$;　　(18) $y' = 2e^x(\cos x - \sin x)$.

2. 求下列函数在指定点处的导数.

(1) $y = 2x^3 + 3x^2 + 6x$，求 $y'|_{x=0}$，$y'|_{x=1}$；

(2) $y = x^3\ln x$，求 $\frac{dy}{dx}|_{x=2}$.

解　(1) $y' = 6x^2 + 6x + 6$，$y'|_{x=0} = 6$，$y'|_{x=1} = 18$；

(2) $\frac{dy}{dx} = 3x^2\ln x + x^2$，$\left.\frac{dy}{dx}\right|_{x=2} = 12\ln 2 + 4$.

3. 曲线 $y = (x^2 - 1)(x + 1)$ 上哪些点处的切线平行于 x 轴.

解　曲线切线的斜率 $k = y' = 3x^2 + 2x - 1$. 当切线平行于 x 轴时，有 $k = 0$. 于是有 $x = -1$ 或 $x = \frac{1}{3}$. 即曲线在点 $(-1, 0)$ 和点 $\left(\frac{1}{3}, -\frac{32}{27}\right)$ 处的切线平行于 x 轴.

4. 若直线 $y = 2x + b$ 是抛物线 $y = x^2$ 在某点处的法线，求 b 的值.

解　抛物线 $y = x^2$ 的法线斜率 $k = -\frac{1}{y'} = -\frac{1}{2x}$，且由已知得 $k = 2$，于是有 $x = -\frac{1}{4}$.

当 $x = -\frac{1}{4}$ 时，对应抛物线上点的纵坐标 $y = \frac{1}{16}$. 且由点 $\left(-\frac{1}{4}, \frac{1}{16}\right)$ 在直线 $y = 2x + b$ 上，得 $b = \frac{9}{16}$.

5. 过点 $A(1,2)$ 引抛物线 $y = 2x - x^2$ 的切线，求此切线的方程.

解　设过点 $A(1,2)$ 的切线在抛物线上的切点为 (x_0, y_0)，则有 $y_0 = 2x_0 - x_0^2$，抛物线在 (x_0, y_0) 处切线的斜率 $k = y'|_{x=x_0} = 2 - 2x_0$，且由两点确定的切线斜率 $k = \frac{y_0 - 2}{x_0 - 1}$，因此由上述三个式子解得 $\begin{cases} x_0 = 0 \\ y_0 = 0 \end{cases}$ 或 $\begin{cases} x_0 = 2 \\ y_0 = 0 \end{cases}$.

6. 求下列函数的导数.

(1) $y = (2x^2 + 1)^{10}$;　　(2) $y = \tan\frac{1}{x}$;

(3) $y = 2\sin\frac{x^2}{2} - \cos x^2$;　　(4) $y = \sec(4 - 3x)$;

(5) $y = (3x^2 + x - 1)^3$;　　(6) $f(x) = \log_2(x^2 + 1)$;

(7) $y = \ln\tan 2x$;　　(8) $y = \sin^2 x^2 - \cos^2 x^2$;

(9) $y = 3e^{2x} + 2\cos 3x$;　　(10) $y = \sqrt{1 + 2x} + \frac{1}{1 + 2x}$;

(11) $y = \sqrt[3]{8 - x}$;　　(12) $y = \ln[\ln(\ln^3 x)]$;

(13) $y = \ln 3x \cdot \sin 2x$;　　(14) $\rho = \cot\frac{\varphi}{2} + \csc 3\varphi$;

(15) $y = e^{\sqrt{x}} + \sqrt{e^x}$;　　(16) $s = (t + 1)\cos^2 2t$;

(17) $y = 2^{\sin x} + \sin 2^x$;　　(18) $y = \ln(\csc x - \cot x)$;

(19) $y=\frac{x}{2}\sqrt{a^2-x^2}$.

解　(1) $y'=40x(2x^2+1)^9$;　(2) $y'=-\frac{1}{x^2}\sec^2\frac{1}{x}$;

(3) $y'=2x(\cos\frac{x^2}{2}+\sin x^2)$;　(4) $y'=-3\sec(4-3x)\tan(4-3x)$;

(5) $y'=3(3x^2+x-1)^2(6x+1)$;　(6) $f'(x)=\frac{2x}{(x^2+1)\ln 2}$;

(7) $y'=4\csc 4x$;　(8) $y'=4x\sin 2x^2$;

(9) $y'=6(e^{2x}-\sin 3x)$;　(10) $y'=\frac{(1+2x)\sqrt{1+2x}-2}{(1+2x)^2}$;

(11) $y'=-\frac{1}{3}(8-x)^{-\frac{2}{3}}$;　(12) $y'=\frac{3}{x\ln x\cdot\ln(\ln^3 x)}$;

(13) $y'=\frac{\sin 2x+2x\ln 3x\cos 2x}{x}$;　(14) $\rho'=-(\frac{1}{2}\csc^2\frac{\varphi}{2}+3\csc 3\varphi\cot 3\varphi)$;

(15) $y'=\frac{e^{\sqrt{x}}}{2\sqrt{x}}+\frac{e^x}{2\sqrt{e^x}}$;　(16) $s'=\cos^2 2t-2(t+1)\sin 4t$;

(17) $y'=2^{\sin x}\cos x\ln 2+2^x\ln 2\cos 2^x$;

(18) $y'=\csc x$;　(19) $y'=\frac{1}{2}\frac{a^2}{\sqrt{a^2-x^2}}$.

习题 2.3 解答

1. 求下列函数的二阶导数.

(1) $y=\frac{1}{1+x}$;　(2) $y=(x+3)^4$;

(3) $y=x\cos x$;　(4) $y=e^{2x}+x^{2e}$;

(5) $f(x)=\ln(1-x^2)$;　(6) $f(x)=(1+x^2)\arctan x$.

解　(1) $y'=-\frac{1}{(1+x)^2}, y''=\frac{2}{(1+x)^3}$;

(2) $y'=4(x+3)^3, y''=12(x+3)^2$;

(3) $y'=\cos x-x\sin x, y''=-2\sin x-x\cos x$;

(4) $y'=2e^{2x}+2ex^{2e-1}, y''=4e^{2x}+2e(2e-1)x^{2e-2}$;

(5) $f'(x)=\frac{-2x}{1-x^2}, f''(x)=\frac{-2(1+x^2)}{(1-x^2)^2}$;

(6) $f'(x)=2x\arctan x+1, f''(x)=2\arctan x+\frac{2x}{1+x^2}$.

2. 求下列函数的 n 阶导数.

(1) $y=e^{kx}$;　(2) $y=\ln(1+x)$.

解　(1) $y'=ke^{kx}, y''=k^2e^{kx}, \cdots, y^{(n)}=k^n e^{kx}$;

(2) $y'=\frac{1}{1+x}, y''=-\frac{1}{(1+x)^2}, y'''=\frac{1}{2(1+x)^3}, \cdots, y^{(n)}=\frac{(-1)^{n-1}(n-1)!}{(1+x)^n}$.

3. 设$f(x)=(x+10)^6$,求$f'''(2)$.

解　$f'''(2)=120(2+10)^3=207\ 360$.

4. 设$y=f(\ln x)+\ln f(x)$,其中$f(x)$具有二阶导数,求$\frac{d^2y}{dx^2}$.

解　$\frac{dy}{dx}=\frac{f'(\ln x)}{x}+\frac{f'(x)}{f(x)}, \frac{d^2y}{dx^2}=\frac{f''(\ln x)-f'(\ln x)}{x^2}+\frac{f''(x)f(x)-f'^2(x)}{f^2(x)}$.

5. 设$0<x<\frac{\pi}{2}$且$f'(\sin x)=1-\cos x$,求$f''(x)$.

解　因为$f''(\sin x)=\frac{\sin x}{\cos x}$,且$0<x<\frac{\pi}{2}$,于是$f''(\sin x)=\frac{\sin x}{\sqrt{1-\sin^2 x}}$,所以$f''(x)=\frac{x}{\sqrt{1-x^2}}$.

6. 验证函数$y=c_1e^{\lambda x}+c_2e^{-\lambda x}$($\lambda, c_1, c_2$是常数)满足关系式:$y''-\lambda^2 y=0$.

证　因为$y'=\lambda c_1e^{\lambda x}-\lambda c_1e^{-\lambda x}$, $y''=\lambda^2c_1e^{\lambda x}+\lambda^2c_2e^{-\lambda x}$,所以$y''-\lambda^2y=\lambda^2c_1e^{\lambda x}+\lambda^2c_2e^{-\lambda x}-\lambda^2(c_1e^{\lambda x}+c_2e^{-\lambda x})=0$.

习题 2.4 解答

1. 求下列隐函数的导数.

(1) $x^3+6xy+y^3=3$;　　(2) $xy=e^{x+y}$;

(3) $y=1-xe^y$;　　(4) $x\cos y=\sin(x-y)$.

解　(1) 将方程两端对x求导数,注意y是x的函数,有

$$3x^2+6y+6xy'+3y^2y'=0$$

解得

$$\frac{dy}{dx}=-\frac{x^2+2y}{y^2+2x}$$

(2) 将方程两端对x求导数,注意y是x的函数,有

$$y+xy'=e^{x+y}(1+y')$$

则

$$\frac{dy}{dx}=\frac{e^{x+y}-y}{x-e^{x+y}}$$

(3) 将方程两端对x求导数,注意y是x的函数,有

$$y'=-e^y-xe^yy'$$

则

$$\frac{dy}{dx}=\frac{-e^y}{1+xe^y}$$

(4) 将方程两端对x求导数,注意y是x的函数,有

$$\cos y-x\sin y y'=\cos(x-y)(1-y')$$

则

$$\frac{dy}{dx}=\frac{\cos(x-y)-\cos y}{\cos(x-y)-x\sin y}$$

2. 用对数求导法求下列函数的导数.

(1) $y=\left(\frac{x}{1+x}\right)^x$；　　(2) $y=(\sin x)^x$；

(3) $y=(1+x)^x$；　　(4) $y=\sqrt{\frac{(x+2)(3-x)}{x-4}}$.

解　(1) 将函数两边取对数得

$$\ln y=x[\ln x-\ln(1+x)]$$

上式两边对 x 求导,得

$$\frac{y'}{y}=[\ln x-\ln(1+x)]+x\left(\frac{1}{x}-\frac{1}{1+x}\right)$$

于是

$$y'=y\left[\ln x-\ln(1+x)+1-\frac{x}{1+x}\right]=\left(\frac{x}{1+x}\right)^x\left(\ln\frac{x}{1+x}+\frac{1}{1+x}\right)$$

(2) 将函数两边取对数,得

$$\ln y=x\ln\sin x$$

两边对 x 求导,得

$$\frac{1}{y}y'=\ln\sin x+x\frac{1}{\sin x}\cos x=\ln\sin x+x\cot x$$

解出 y',得

$$y'=(\sin x)^x(\ln\sin x+x\cot x)$$

(3) 将函数两边取对数得

$$\ln y=x\ln(1+x)$$

上式两边对 x 求导,得

$$\frac{y'}{y}=\ln(1+x)+\frac{x}{1+x}$$

于是

$$y'=(1+x)^x\left[\ln(1+x)+\frac{x}{1+x}\right]$$

(4) 将函数两边取对数,得

$$\ln y=\frac{1}{2}[\ln(x+2)+\ln(3-x)-\ln(x-4)]$$

上式两边对 x 求导,得

$$\frac{y'}{y}=\frac{1}{2}\left(\frac{1}{x+2}-\frac{1}{3-x}-\frac{1}{x-4}\right)$$

于是

$$y'=\frac{1}{2}\sqrt{\frac{(x+2)(3-x)}{x+4}}\left(\frac{1}{x+2}-\frac{1}{3-x}-\frac{1}{x-4}\right)$$

3. 求由下列方程所确定的隐函数的二阶导数.

(1) $y=\sin(x+y)$；　　　　(2) $x^2-y^2=1$.

解　(1) 将方程两端对 x 求导数,注意 y 是 x 的函数,有

$$y'=\cos(x+y)(1+y')$$

则

$$\frac{dy}{dx}=\frac{\cos(x+y)}{1-\cos(x+y)}$$

$$\frac{d^2y}{dx^2}=\frac{-\sin(x+y)(1+\frac{dy}{dx})[1-\cos(x+y)]-\cos(x+y)\sin(x+y)(1+\frac{dy}{dx})}{[1-\cos(x+y)]^2}=$$

$$\frac{-(1+\frac{dy}{dx})\sin(x+y)}{[1-\cos(x+y)]^2}=\frac{\sin(x+y)}{[\cos(x+y)-1]^3}$$

(2) 将方程两端对 x 求导数,注意 y 是 x 的函数,有

$$2x-2yy'=0$$

则

$$\frac{dy}{dx}=\frac{x}{y}$$

$$\frac{d^2y}{dx^2}=\frac{y-x\frac{dy}{dx}}{y^2}=\frac{y-x\cdot\frac{x}{y}}{y^2}=\frac{1}{y}-\frac{x^2}{y^3}=-y^{-3}$$

4. 求由下列参数方程所确定的函数的导数.

(1) $\begin{cases}x=t^4\\y=4t\end{cases}$；　　　　(2) $\begin{cases}x=\theta(1-\sin\theta)\\y=\theta\cos\theta\end{cases}$.

解　(1) $\frac{dy}{dx}=\frac{4}{4t^3}=t^{-3}$；

(2) $\frac{dy}{dx}=\frac{\cos\theta-\theta\sin\theta}{1-\sin\theta-\theta\cos\theta}$.

5. 求由下列参数方程所确定的函数的二阶导数.

(1) $\begin{cases}x=a\cos t\\y=b\sin t\end{cases}$；　　　　(2) $\begin{cases}x=3e^{-t}\\y=2e^{t}\end{cases}$.

解　(1) $\frac{d^2y}{dx^2}=\frac{\frac{d^2y}{dt^2}\cdot\frac{dx}{dt}-\frac{dy}{dt}\cdot\frac{d^2x}{dt^2}}{(\frac{dx}{dt})^3}=\frac{(-b\sin t)(-a\sin t)+b\cos t\cdot a\cos t}{(-a\sin t)^3}=$

$$-\frac{b}{a^2}\csc^3t;$$

(2) $\frac{d^2y}{dx^2}=\frac{4}{9}e^{3t}$.

6. 一长为 5 m 的梯子斜靠在墙上,如果梯子下端以 5 m/s 的速率滑离开墙壁,试求当

梯子下端离墙 3 m 时,梯子上端向下滑落的速率.

解　设上端下滑的距离为 s,下滑的时间为 t,上端下滑的速率为 v,则有 $s = 5 - 5\sqrt{1-t^2}$,于是 $v = \frac{\mathrm{d}s}{\mathrm{d}t} = \frac{5t}{\sqrt{1-t^2}}$,当下端滑离墙壁 3 m 时,所用时间 $t = \frac{3}{5}$ s,因此,此时上端下滑的速率 $v = \frac{5 \times \frac{3}{5}}{\sqrt{1-\left(\frac{3}{5}\right)^2}} = \frac{15}{4}$(m/s).

7. 将水注入深 8 m,上顶直径为 8 m 的正圆锥形容器中,其速率为 4 $\mathrm{m^3/min}$,当水深为 5 m 时,其表面上升的速率为多少?

解　设容器的水面高度为 h,注水时间为 t,水面上升的速率为 v,则有

$$h = \sqrt[3]{\frac{48t}{\pi}} \tag{1}$$

$$v = \frac{\mathrm{d}h}{\mathrm{d}t} = \frac{16}{\pi}\left(\frac{48t}{\pi}\right)^{-\frac{2}{3}} \tag{2}$$

当水深为 5 m 时,由式(1) 得 $t = \frac{125\pi}{48}$ min,根据式(2) 得,此时水面上升的速度 $v = \frac{16}{25\pi}$ m/min.

8. 设 $P(4,-1)$ 为椭圆 $\frac{x^2}{6} + \frac{y^2}{3} = 1$ 外的一点,过点 P 作椭圆的切线,求该切线的方程.

解　方程 $\frac{x^2}{6} + \frac{y^2}{3} = 1$ 两边同时对 x 求导,得

$$\frac{x}{3} + \frac{2}{3}y \cdot y' = 0$$

$$y' = -\frac{x}{2y}$$

于是

$$\frac{y+1}{x-4} = -\frac{x}{2y}$$

将上式代入椭圆方程得 $\begin{cases} x = 2 \\ y = 1 \end{cases}$ 或 $\begin{cases} x = \frac{2}{3} \\ y = -\frac{5}{3} \end{cases}$,从而有 $k = -1$ 或 $\frac{1}{5}$.

于是切线方程为 $y + 1 = -1(x-4)$ 或 $y + 1 = \frac{1}{5}(x-4)$,即

$$x + y = 3 \quad 或 \quad x - 5y = 9$$

习题2.5解答

1. 求下列函数的微分.

(1) $y=\frac{1}{x}+\sqrt{x}$;　(2) $y=(x^2-x+1)^3$;

(3) $y=\cos 3x$;　(4) $y=\ln(1+2x^2)$;

(5) $y=x\sin 2x$;　(6) $y=e^x+e^{-x}$;

(7) $y=e^{\cos 2x}$;　(8) $y=x^2+2^x$;

(9) $y=\tan^2 x$;　(10) $y=\arcsin\sqrt{x}$.

解　(1) $dy=(\frac{1}{2\sqrt{x}}-\frac{1}{x^2})dx$;　(2) $dy=3(x^2-x+1)^2(2x-1)dx$;

(3) $dy=-3\sin 3x dx$;　(4) $dy=\frac{4x}{1+2x^2}dx$;

(5) $dy=(\sin 2x+2x\cos 2x)dx$;　(6) $dy=(e^x-e^{-x})dx$;

(7) $dy=-2\sin 2x e^{\cos 2x}dx$;　(8) $dy=(2x+2^x\ln 2)dx$;

(9) $dy=2\tan x\sec^2 x dx$;　(10) $dy=\frac{1}{2\sqrt{x-x^2}}dx$.

2. 已知 $y=x^3-x$, 在 $x=2$ 处, 计算当 Δx 分别为1, 0.1, 0.01时的 Δy 与 dy.

解　当 $\Delta x=1$ 时, 有

$$\Delta y=[(2+1)^3-(2+1)]-(2^3-2)=18$$

$$dy=[3x^2-1]_{x=2}\times 1=11$$

当 $\Delta x=0.1$ 时, 有

$$\Delta y=[(2+0.1)^3-(2+0.1)]-(2^3-2)=1.161$$

$$dy=[3x^2-1]_{x=2}\times 0.1=1.1$$

当 $\Delta x=0.01$ 时, 有

$$\Delta y=0.110\,6,\quad dy=0.11$$

3. 水管壁的正截面是一个圆环, 它的内半径为 R_0, 壁厚为 h, 利用微分来计算这个圆环面积的近似值.

解　设圆的面积为 $S=\pi r^2$, 则 $S'=2\pi r$, 当 $r=R_0$, $\Delta r=h$ 时, 有

$$\Delta S\approx dS=S'|_{r=R_0}\cdot\Delta r=2\pi R_0 h$$

4. 计算下列各函数的近似值.

(1) $\ln 0.98$;　(2) $e^{1.01}$;　(3) $\sqrt[5]{1.03}$;　(4) $\sqrt[3]{1\,010}$.

解　(1) 设函数 $y=\ln x$, 则 $y'=\frac{1}{x}$, 当 $x=1$, $\Delta x=-0.02$ 时, 有

$$\Delta y=\ln 0.98-\ln 1\approx dy=y'|_{x=1}\cdot\Delta x=-0.02$$

于是得

$$\ln 0.98\approx -0.02$$

(2) 设函数 $y=e^x$, 则 $y'=e^x$, 当 $x=1$, $\Delta x=0.01$ 时, 有

$$\Delta y = e^{1.01} - e \approx dy = y'|_{x=1} \cdot \Delta x = 0.01e$$

于是得

$$e^{1.01} \approx 1.01e = 2.745$$

(3) 设函数 $y = \sqrt[5]{x}$,则 $y' = \frac{1}{5}x^{-\frac{4}{5}}$,当 $x = 1, \Delta x = 0.03$ 时,有

$$\Delta y = \sqrt[5]{1.03} - 1 \approx dy = y'|_{x=1} \cdot \Delta x = \frac{0.03}{5},$$

于是得

$$\sqrt[5]{1.03} \approx 1.006$$

(4) 设函数 $y = \sqrt[3]{x}$,则 $y' = \frac{1}{3}x^{-\frac{2}{3}}$,当 $x = 1\,000, \Delta x = 10$ 时,有

$$\Delta y = \sqrt[3]{1\,010} - \sqrt[3]{1\,000} \approx dy = y'|_{x=1\,000} \cdot \Delta x = \frac{1}{30}$$

于是得

$$\sqrt[5]{1\,010} \approx 10\frac{1}{30} \approx 10.03$$

2.4　验收测试题

1. 填空题.

(1) 设 $y = f(x)$ 在 $x_0 = 0$ 处可导,则 $\lim\limits_{x\to 0}\frac{f(x) - f(0)}{x} =$ ________.

(2) 设 $f(x)$ 在 $x = x_0$ 处可导,则 $\lim\limits_{h\to 0}\frac{f(x_0 + h) - f(x_0 - h)}{h} =$ ________.

(3) 设 $y = x^a + a^x + a^a$,则 $y' =$ ________.

(4) 设 $y = \arcsin x + \arccos x$,则在 $(-1,1)$ 内有 $y' =$ ________.

(5) 已知 $f(\frac{1}{x}) = \frac{x}{1+x}$,则 $f'(x) =$ ________.

(6) 直线 $y = 4x + b$ 是曲线 $y = x^2$ 的切线,则常数 $b =$ ________.

(7) 设曲线 $y = e^x$,则它在点 $(0,1)$ 处的切线方程为________.

(8) 设 $f(u)$ 具有二阶导数,且 $y = f(x^2)$,则 $\frac{d^2y}{dx^2} =$ ________.

(9) 已知 $y = \sin x$,则 $y^{(100)} =$ ________.

(10) 设函数 $y = f(x)$ 在 x_0 的某邻域内有 $f(x) - f(x_0) = 2(x - x_0) + o(x - x_0)$,则 $f'(x_0) =$ ________.

(11) 若 $\lim\limits_{x\to a}\frac{f(x) - f(a)}{x - a} = A$,其中 A 为常数,则 $dy|_{x=a} =$ ________.

(12) 设 $y = \ln(1 + 3^{-x})$,则 $dy =$ ________.

(13) 曲线 $\begin{cases} x = 2e^t \\ y = e^{-t} \end{cases}$,在 $t = 0$ 处的法线方程为________.

(14) 设 $y=y(x)$ 由 $e^y-x=xy$ 所确定,则 $dy=$ ________.

(15) d ________ $=\sec^2 3x dx$.

2. 选择题.

(1) 设 $y=f(x)$ 是可导函数,且 $\lim\limits_{x\to 0}\dfrac{f(2+x)-f(2)}{x}=3$,则曲线 $y=f(x)$ 在点 $(2,f(2))$ 处的切线的斜率为(　　).

A. 3　　B. -3　　C. 6　　D. -6

(2) 设可导函数 $f=f(x)$ 在点 x_0 处的导数 $f'(x_0)=\dfrac{1}{2}$,则当 $\Delta x\to 0$ 时,dy 与 Δx(　　).

A. 是等价无穷小　　B. 是同阶而非等价无穷小

C. dy 是比 Δx 高阶的无穷小　　D. Δx 是比 dy 高阶的无穷小

(3) 设 $y=e^{\frac{1}{x}}$,则 $dy=$(　　).

A. $e^{\frac{1}{x}}dx$　　B. $e^{-\frac{1}{x^2}}dx$　　C. $\dfrac{1}{x^2}e^{\frac{1}{x}}dx$　　D. $-\dfrac{1}{x^2}e^{\frac{1}{x}}dx$

(4) 设对于任意的 x,都有 $f(-x)=-f(x)$,若 $f'(-x_0)=-k\neq 0$,则 $f'(x_0)=$(　　).

A. k　　B. $-k$　　C. $\dfrac{1}{k}$　　D. $-\dfrac{1}{k}$

(5) 若 $f(u)$ 可导,且 $y=f(e^x)$,则有(　　).

A. $dy=f'(e^x)dx$　　B. $dy=e^x f'(e^x)dx$

C. $dy=[f(e^x)]'de^x$　　D. 以上答案都不对

(6) 设 $y=x\ln y$,则 $dy=$(　　).

A. $\dfrac{x}{y}dx$　　B. $\ln y dx$　　C. $\dfrac{y\ln y}{y-x}dx$　　D. $\dfrac{x}{y}+(\ln y)dx$

(7) 设可导函数 $f(x)$ 有 $f'(1)=1$, $y=f(\ln x)$,则 $dy|_{x=e}=$(　　).

A. dx　　B. $\dfrac{1}{e}$　　C. $\dfrac{1}{e}dx$　　D. 1

(8) 下列函数在 $x=0$ 处可导的是(　　).

A. $y=x^4$　　B. $y=x^{-1}$

C. $y=\begin{cases}\sin x, & x<0\\ x^2, & x\geqslant 0\end{cases}$　　D. $y=|x|$

(9) 如果 $f(\sin x)=\cos^2 x+1$,则 $f'(1)=$(　　).

A. -2　　B. 2　　C. 1　　D. -1

(10) 已知 $y=e^{f(x)}$,则 $y''=$(　　).

A. $e^{f(x)}$　　B. $e^{f(x)}[f'(x)+f''(x)]$

C. $e^{f(x)}+f''(x)$　　D. $e^{f(x)}\{[f'(x)]^2+f''(x)\}$

(11) 下列函数中,(　　)的导数不等于 $\dfrac{1}{2}\sin 2x$.

A. $\frac{1}{2}\sin^2 x$　　B. $\frac{1}{4}\cos 2x$　　C. $-\frac{1}{2}\cos^2 x$　　D. $1-\frac{1}{4}\cos 2x$

(12) 下列函数在 $x=0$ 处不可导的是(　　).

A. $\arcsin x$　　B. 3^x　　C. $x^{\frac{1}{3}}$　　D. $\tan x$

(13) 设 $f(x)=ax^2+bx$ 在点 $x=1$ 处可导,且 $f(1)=0, f'(1)=2$,则(　　).

A. $a=2, b=-2$　　B. $a=2, b=2$

C. $a=-2, b=-2$　　D. $a=-2, b=-2$

(14) 设 $f(x)=\begin{cases} x^2\sin\frac{1}{x}, & x\neq 0 \\ 0, & x=0 \end{cases}$,则 $f(x)$ 在 $x=0$ 处(　　).

A. 连续且可导　　B. 不连续且不可导

C. 连续但不可导　　D. 不连续但可导

(15) $f'_-(x_0)$ 与 $f'_+(x_0)$ 都存在,是 $f'(x_0)$ 存在的(　　).

A. 充分必要条件　　B. 充分非必要条件

C. 必要非充分条件　　D. 既非充分也非必要条件

2.5　验收测试题答案

1. 填空题.

(1) $f'(0)$;　　(2) $2f'(x_0)$;　　(3) $ax^{a-1}+a^x\ln a$;

(4) 0;　　(5) $-\frac{1}{(1+x)^2}$;　　(6) -4;

(7) $y=x+1$;　　(8) $2f'(x^2)+4x^2f''(x^2)$;　　(9) $\sin x$;

(10) 2;　　(11) $A\mathrm{d}x$;　　(12) $\frac{-\ln 3}{1+3^x}\mathrm{d}x$;

(13) $y=2x-3$;　　(14) $\frac{1+y}{\mathrm{e}^y-x}\mathrm{d}x$;　　(15) $\frac{1}{3}\tan 3x$.

2. 选择题.

(1) A;　(2) B;　(3) D;　(4) B;　(5) B;

(6) C;　(7) C;　(8) D;　(9) A;　(10) D;

(11) B;　(12) C;　(13) A;　(14) A;　(15) C.

2.6　课外阅读

为什么要学数学?

人为什么要学数学?其实很多人对此并不清楚,甚至存在许多认识误区. 有学生认为,数学除了买东西的时候有点用,考试的时候有点用,没有多大的实际用途;还有学生认为,学数学一切为了高考,没有高考就没有人会学这些没有用的东西. 其实,数学是一个意义的领域.

1. 数学意义 —— 科学的立场

(1) 时代的特征.

数学一直是形成人类文化的主要力量,通过数学这面镜子可以了解一个时代的特征. 例如,由于古希腊数学家强调严密的推理,他们关心的并不是成果的实用性,而是教育人们去进行抽象的推理,激发人们对理想和美的追求,因此,古希腊创造了后世很难超越的优美文学、理性化的哲学,以及理想化的建筑与雕刻.

一个时代的特征与这个时代的数学活动密切相关. 17 世纪以来,由于微积分的创立,借助微积分工具寻求自然规律所取得的成就远远超出了天文学的领域. 19 世纪,把微积分这个工具改进为严格的分析体系,使数学物理强有力的理论成为可能,这些理论最终导致了量子力学、相对论的诞生,使人们对物质和空间的基本性质有了更深的了解. 20 世纪 50 年代,计算机的出现使得数学从科学的幕后走向台前,数字化深入到了人类几乎所有的活动,人类历史进入了一个崭新的信息时代.

(2) 美妙的乐章.

数学是一座险峻的高山,其险峻背后隐藏着美丽的风景. 数学能像音乐一样,给人以巨大的心灵震撼. 罗素在自传中这样写道:"11 岁时,我开始学习欧几里得几何学,哥哥做我的老师,这是我生活中的一件大事,就像初恋一样令人陶醉. 我从来没有想象到世界上还有如此美妙的东西." 众所周知,高斯把数学置于科学之巅,希尔伯特则把数学看作"一幢出奇的美丽又和谐的大厦".

在人们的印象中,数学与艺术很少有共同之处,尽管它们都是人类智慧的结晶. 然而,数学始终默默地伴随着艺术,是其丰富的灵感之源和坚实的创作支柱. 我们可以毫不费力地发现,数学能产生艺术的灵感,艺术也能使数学产生灵感. 从斐波那契数列和圆周率的小数位数字,到四面体和麦比乌斯带,都可以作为艺术家创作的灵感.

音乐是人类精神通过无意识计算而获得的愉悦享受. 法国数学家傅立叶甚至证明了:所有的声音,无论是噪声还是仪器发出的声音,复杂的还是简单的声音,都可以用数学方式进行全面的描述. 傅立叶的证明具有深刻的哲学意义. 美妙的音乐以令人意想不到的美妙方式得到了数学描述,从而,艺术中最抽象的领域能转换成最抽象的科学;而最富有理性的学问,也有合乎理性的音乐与其密切相连. 所以,数学是推理中的音乐,而音乐则是感觉中的数学.

数学和建筑间的紧密联系应该是毋庸置疑的. 数学一直是建筑师们取之不尽、用之不竭的创造源泉,是建筑设计与创新的重要工具.

(3) 从"皇后" 到"伙伴".

数学以其卓越的智力成就被人们尊称为"科学的皇后". 数学造就了柏拉图哲学. 亚里士多德在他的《后分析篇》中提倡将全部科学论述化归成三段论. 笛卡儿认为,数学可为一切知识的形式. 笛卡儿思想的进展并不是从"我思故我在" 原理开始的,而是从普通的数学概念和理想开始的,这一理想促使了一个数学分支 —— 解析几何的建立.

伽利略主张,在数学的领域中人可以达到一切可能知识的顶点. 法国思想家孔多塞认为,代数是迄今存在的唯一真正精确和分析的语言,其中蕴含着一些普遍适用的原理,可应用于所有概念的组合. 康德在《纯粹理性批判》中试图证明确立数学和数学性的自然科学的基础. 他说,任何一门自然科学,只有当它能应用数学工具进行研究时,才能算是一门发展渐趋完善的真实科学.

其实,数学不仅是"科学的皇后",还是"科学的仆人",这是由于数学作为一种工具被广泛地应用于其他学科,服务于其他学科的功能. 几乎在所有重大科学理论的发展和完善过程中,数学都起到不可或缺的作用,数学研究的成果往往是重大科学发明的催生素.

不仅自然科学,各门社会科学也同样不断求助于数学. 随着数学与其他学科之间关系的更深入的揭示,数学又获得了一种新的称谓 ——"伙伴". 美国数学家斯蒂恩对数学与其他学科做了这样的比喻:许多学者把数学想象成一棵知识之树,公式、定理和结论就像挂在树上的成熟的果实,让路过的科学家采摘,用以丰富他们的理论;数学家则与之相反,他们视数学如迅速生长的热带雨林,需要从数学之外的世界吸取养分,同时它又奉献给人类文明丰富、变化无穷的智慧动植物.

数学对其他学科做出了许多贡献,同时,这些学科也用一些有趣的新型问题向数学发出了挑战,这些问题又导致了新的应用,且越基本的数学其用处越广. 可以想象,随着人类社会的发展,数学会成为最基本的学科,会成为所有科学的框架. 如果采用后现代谚语来说,就是几乎没有什么东西能够避开数学的"文本". 可以说,如果我们的世界里数学突然被抽走,人类社会将顷刻崩溃;如果我们的世界里数学被冻结,人类文明将即刻倒退. 没有数学的文明是无法想象的.

2. 数学意义 —— 教育的立场

(1) 数学 —— 人的基本素质.

数学被看作人的基本素质,这点在古希腊社会尤其明显. 希腊哲人以知识为善,追求真善美乃是希腊教育的宗旨. 柏拉图认为数学是具备公民资格的前提. 他把受过教育的人与没有受过教育的人的本质比作"洞穴假象",接受训练而能以逻辑和数学进行推理的人,将更有可能逃出无知的洞穴.

数学不仅是人的基本素质,其还能提升智能,增进才能. 柏拉图认为,那些天性擅长算术的人,往往也敏于学习其他一切学科. 他还认为,哲学家必须脱离可变世界,把握真理,因而他们应该学会数学,否则他们永远不会成为真正的计算者.

柏拉图特别强调,几何学中高深的东西能够帮助人们较为容易地把握善的理念. 社会的发展要求人们具有更高的数学素质. 不知道基本的数学语言,不理解基本的数学符号,不掌握基本的数学推理,不懂得基本的统计图表,这样的人将不能适应现代社会的快速发展. 在信息社会,数学作为现代人的基本素质,已经越来越被人们所重视. 数学以它的思维性、理性和优美性成为当今社会文化中的一个基础组成部分. 一个人如果不知道数学为何物,理性思维贫乏而又缺乏审美意识,那么他的整体素质、洞察能力、判断能力以及创造能力必将受到很大的影响.

(2) 数学 —— 促进人的发展.

通过合适的知识载体,人们能不断地、自觉地提高素质,培养优良品质,数学正是这样一种重要的载体. 当我们面对一串串数学符号进行计算和推理时,表面上,我们是在操作符号，实际上，是计算和推理在引导着我们的精神. 所以，对数学知识的掌握就意味着领悟一种现代科学的语言和工具，学到一种理性的思维模式，培育一种审美情操. 数学是一个蕴藏智慧的宝库，是培育人的优秀品格的园地. 学习数学能够促进学生的学习态度、思维习惯、思维模式、思维策略等的发展，让每名学生面对全新的情景都能做出适当的回应. 传统实证主义知识观将知识描述成线性积累和价值中立，忽略知识创造中人的活动，忽视知识所蕴含的伦理意义. 然而，知识本质上是一种社会建构，它必然体现人的价值选择，表现人的伦理关怀. 数学也不例外，对于数学来说，它可以促进人的优秀品质的形成.

第 3 章 导数应用

3.1 内容提要

1. 微分中值定理

(1) 罗尔(Rolle) 定理.

(2) 拉格朗日(Lagrange) 定理.

(3) 柯西(Cauchy) 定理.

2. 洛必达法则

定理 1 设函数 $f(x)$ 和 $g(x)$ 满足:

① 在点 a 的某个去心邻域 $\mathring{U}(a)$ 内可导,且 $g'(x) \neq 0$;

② $\lim\limits_{x\to a} f(x) = \lim\limits_{x\to a} g(x) = 0$;

③ $\lim\limits_{x\to a} \dfrac{f'(x)}{g'(x)} = A$(或 ∞).

则有

$$\lim_{x\to a} \frac{f(x)}{g(x)} = \lim_{x\to a} \frac{f'(x)}{g'(x)} = A(\text{或 } \infty)$$

3. 泰勒(Taylor) 中值定理

如果函数$f(x)$ 在含有点x_0 的某个开区间(a,b) 内具有直到$(n+1)$ 阶的导数,那么对于 $x \in (a,b)$,有

$$f(x) = f(x_0) + f'(x_0)(x - x_0) + \frac{f''(x_0)}{2!}(x - x_0)^2 + \cdots + \frac{f^{(n)}(x_0)}{n!}(x - x_0)^n + R_n(x) \tag{1}$$

其中

$$R_n(x) = \frac{f^{(n+1)}(\xi)}{(n+1)!}(x - x_0)^{n+1}, \quad \xi \text{ 在 } x_0 \text{ 与 } x \text{ 之间} \tag{2}$$

式(1) 称为$f(x)$ 在点 x_0 处关于$(x - x_0)$ 的 n 阶泰勒公式; 式(2) 称为拉格朗日型余项.

4. 函数的单调性

定理2　设$f(x)$在$[a,b]$上连续，在(a,b)内可导：

① 如果在(a,b)内恒有$f'(x)>0$，则$f(x)$在$[a,b]$上单调增加；

② 如果在(a,b)内恒有$f'(x)<0$，则$f(x)$在$[a,b]$上单调减少.

5. 函数的极值

(1) 极值的定义.

设函数$y=f(x)$在点x_0的某邻域$U(x_0)$内有定义，若对任意$x\in\mathring{U}(x_0)$，都有$f(x)<f(x_0)$（或$f(x)>f(x_0)$），则$f(x_0)$称为函数$f(x)$的极大值（或极小值），x_0称为函数的极大值点（或极小值点）. 极大值、极小值统称为极值；极大值点、极小值点统称为极值点.

(2) 极值存在的必要条件.

定理3　设函数$f(x)$在点x_0处可导，且在点x_0处取得极值，那么$f'(x_0)=0$.

(3) 判别极值的第一充分条件.

定理4　设函数$f(x)$在点x_0处连续，在x_0的某去心邻域$\mathring{U}(x_0,\delta)$内可导：

① 当$x\in(x_0-\delta,x_0)$时，$f'(x)>0$，而当$x\in(x_0,x_0+\delta)$时，$f'(x)<0$，则$f(x)$在点x_0处取得极大值$f(x_0)$；

② 当$x\in(x_0-\delta,x_0)$时，$f'(x)<0$，而当$x\in(x_0,x_0+\delta)$时，$f'(x)>0$，则函数$f(x)$在点x_0处取得极小值$f(x_0)$；

③ 当$x\in(x_0-\delta,x_0)\cup(x_0,x_0+\delta)$时，$f'(x)$不变号，则点$x_0$不是函数$f(x)$的极值点.

(4) 判别极值的第二充分条件.

定理5　设$y=f(x)$在点x_0处具有二阶导数，且$f'(x_0)=0$，$f''(x_0)\neq0$，则：

① 当$f''(x_0)<0$时，函数$f(x)$在点x_0处取得极大值；

② 当$f''(x_0)>0$时，函数$f(x)$在点x_0处取得极小值.

6. 函数的凹凸性与拐点

(1) 凹凸性的定义.

设$f(x)$在区间I上连续，如果对于I上任意两点$x_1,x_2(x_1\neq x_2)$，有

$$f\left(\frac{x_1+x_2}{2}\right)<\frac{1}{2}[f(x_1)+f(x_2)]$$

则称$f(x)$在I上的图形是（向上）凹的；如果有

$$f\left(\frac{x_1+x_2}{2}\right)>\frac{1}{2}[f(x_1)+f(x_2)]$$

则称$f(x)$在I上的图形是（向上）凸的.

(2) 凹凸性的判别方法.

定理6　设$f(x)$在$[a,b]$上连续，在(a,b)内具有一阶和二阶导数，那么：

① 若在(a,b)内，$f''(x)>0$，则$f(x)$在$[a,b]$上的图形是凹的；

② 若在(a,b)内，$f''(x)<0$，则$f(x)$在$[a,b]$上的图形是凸的.

(3) 拐点的定义.

一条处处有切线的连续曲线 $y=f(x)$,若在点 $(x_0,f(x_0))$ 两侧,曲线有不同的凹凸性,则称此点为曲线的拐点.

(4) 判断曲线 $f(x)$ 的凹凸性及拐点的步骤.

① 求 $f'(x)$ 和 $f''(x)$;

② 在 (a,b) 内解出 $f''(x)=0$ 及 $f''(x)$ 不存在的点;

③ 对于解出的每一个实根 x_0,判断 $f''(x)$ 在 x_0 点左、右两侧邻近的符号,确定凹凸性,且当 $f''(x)$ 在 x_0 点左、右两侧的符号相反时,点 $(x_0,f(x_0))$ 就是拐点;当两侧的符号相同时,点 $(x_0,f(x_0))$ 不是拐点.

7. 曲率

(1) 曲率的概念.

设平面曲线 $L:y=f(x)$ 是光滑的,曲线 L 上的 $\widehat{AB}$ 长为 Δs,从 A 到 B 时切线转过的角度为 $\Delta\alpha$,定义单位弧长上切线的转角大小 $\frac{|\Delta\alpha|}{|\Delta s|}$ 为曲线弧 $\widehat{AB}$ 的平均曲率,记为 $\overline{K}$,即 $\overline{K}=\frac{|\Delta\alpha|}{|\Delta s|}$. 而定义 $K=\left|\frac{\mathrm{d}\alpha}{\mathrm{d}s}\right|=\lim\limits_{\Delta s\to 0}\frac{|\Delta\alpha|}{|\Delta s|}$ 为曲线在点 A 处的曲率.

(2) 曲率的计算公式.

① 设曲线 L 的方程是 $y=f(x)$,且 $y''(x)$ 存在,则曲线在点 $A(x,y)$ 处的曲率公式为

$$K=\frac{|y''|}{(1+y'^2)^{\frac{3}{2}}}$$

② 设曲线 L 的参数方程为 $\begin{cases}x=\varphi(t)\\y=\psi(t)\end{cases}(\alpha\leqslant t\leqslant\beta)$,则曲线在点 $A(x,y)$ 处的曲率公式为

$$K=\frac{|\varphi'(t)\psi''(t)-\varphi''(t)\psi'(t)|}{[\varphi'^2(t)+\psi'^2(t)]^{\frac{3}{2}}}$$

(3) 曲率圆与曲率半径.

设曲线 $y=f(x)$ 上点 A 处的曲率 $K\neq 0$,则 $\frac{1}{K}$ 称为曲线在点 M 处的曲率半径,记为 R,即 $R=\frac{1}{K}$. 作曲线在点 A 处切线的垂线(即法线),在曲线凹向一侧的法线上取 $AD=R$,以 D 为圆心,R 为半径的圆称为曲线在点 A 处的曲率圆,D 称为曲率中心.

3.2　典型题精解

例 1　证明不等式 $|\arctan x-\arctan y|\leqslant|x-y|$.

证　设函数 $f(u)=\arctan u$,则 $f'(u)=\frac{1}{1+u^2}$. 易知 $f(u)$ 在 $[x,y]$ 上满足拉格朗日中值定理的条件,由定理得,存在 $\xi\in(x,y)$,使得 $f(y)-f(x)=f'(\xi)(y-x)$,即 $\arctan y-\arctan x=\frac{1}{1+\xi^2}(y-x)$. 将上式两边取绝对值,则有 $\left|\frac{1}{1+\xi^2}\right|\leqslant 1$,所以

$$|\arctan x - \arctan y| = \left|\frac{1}{1+\xi^2}\right| \cdot |x-y| \leqslant |x-y|$$

例 2　求极限$\lim\limits_{x\to 0} x^{\sin x}$的值.

解　令 $y = x^{\sin x}$,则 $\ln y = (\sin x)\ln x$. 因为

$$\lim_{x\to 0}(\sin x)\ln x = \lim_{x\to 0}\frac{\ln x}{\frac{1}{\sin x}} = \lim_{x\to 0}\frac{(\ln x)'}{\left(\frac{1}{\sin x}\right)'} = \lim_{x\to 0}\frac{\frac{1}{x}}{-\frac{\cos x}{\sin^2 x}} = \lim_{x\to 0}\frac{-\sin^2 x}{x\cos x} = 0$$

所以

$$\lim_{x\to 0} x^{\sin x} = \mathrm{e}^0 = 1$$

例 3　作出函数 $y = \dfrac{x}{1+x^2}$ 的图形.

解　(1) 函数 $y = \dfrac{x}{1+x^2}$ 的定义域为$(-\infty, +\infty)$;

(2) 由 $y(-x) = \dfrac{-x}{1+(-x)^2} = \dfrac{-x}{1+x^2} = -y(x)$ 可知,函数 $y = \dfrac{x}{1+x^2}$ 是奇函数,它的图形关于原点对称,因此只讨论 $x \geqslant 0$ 的部分;

(3) 由$\lim\limits_{x\to\infty} y = \lim\limits_{x\to\infty}\dfrac{x}{1+x^2} = 0$ 可知,$y = 0$ 是图形的水平渐近线;

(4) 由 $y' = \dfrac{1-x^2}{(1+x^2)^2}$,令 $y' = 0$,解得 $x = \pm 1$;又由 $y'' = \dfrac{2x(2x^2-3)}{(1+x^2)^3}$,令 $y'' = 0$,解得 $x = 0, \pm\dfrac{\sqrt{6}}{2}$;

(5) 列表讨论函数的增减性、凹凸性、极值和拐点(表 1).

表 1

x	0	$(0,1)$	1	$\left(1,\frac{\sqrt{6}}{2}\right)$	$\frac{\sqrt{6}}{2}$	$\left(\frac{\sqrt{6}}{2},+\infty\right)$
y'	+	+	0	−	−	−
y''	0	−	−	−	0	+
y	0	↗	$\frac{1}{2}$	↘	$\frac{\sqrt{6}}{5}$	↘
$y=f(x)$	拐点	凸	极大值	凸	拐点	凹

(6) 取辅助点$\left(\frac{1}{2},\frac{2}{5}\right)$,$\left(3,\frac{3}{10}\right)$,并作图(图 1).

例 4　已知某厂生产 x 件产品的成本为 $C = 250\,000 + 200x + \frac{1}{4}x^2$(元). 问:

(1) 要使平均成本最小,应生产多少件产品?

(2) 若产品以每件 500 元售出,要使利润最大,应生产多少件产品?

解　(1) 由$\left[\dfrac{C(x)}{x}\right]' = -\dfrac{250\,000}{x^2} + \dfrac{1}{4} = 0$,得 $x = 1\,000$. 又$\left[\dfrac{C(x)}{x}\right]'' = \dfrac{500\,000}{x^3} > 0$,

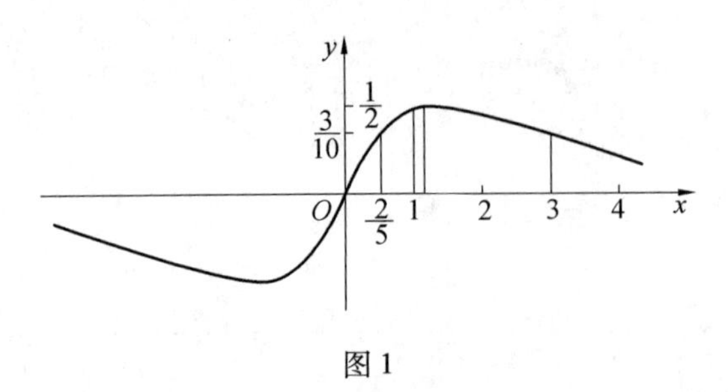

图 1

知 $x=1\ 000$ 为最小值点,即要使平均单位成本最小,应生产 1 000 件.

(2) 依题意得 $R=500\cdot x$,于是利润函数为 $L=500x-250\ 000-200x-\frac{1}{4}x^2$,由 $L'(x)=-\frac{1}{2}x+300=0$,得 $x=600$,又 $L''(x)=-\frac{1}{2}<0$,知当产量为600件时,利润最大.

3.3　同步题解析

习题 3.1 解答

1. 函数 $y=x\sqrt{3-x}$ 在$[0,3]$上是否满足罗尔定理的条件?若满足,求出定理中 ξ 的值.

解　易见函数 $y=x\sqrt{3-x}$ 在$[0,3]$上连续,在$(0,3)$内可导,且 $y(0)=y(3)=0$,所以函数满足罗尔定理的条件,则至少存在一点 $\xi\in(0,3)$,使得 $y'(\xi)=0$,即 $\sqrt{3-\xi}-\frac{\xi}{2\sqrt{3-\xi}}=0$,从而得 $\xi=2$.

2. 函数 $y=\ln\sin x$ 在$[\frac{\pi}{6},\frac{5\pi}{6}]$上是否满足拉格朗日定理的条件?若满足,请求出定理中 ξ 的值.

解　易见函数 $y=\ln\sin x$ 在$[\frac{\pi}{6},\frac{5\pi}{6}]$上连续,在$(\frac{\pi}{6},\frac{5\pi}{6})$内可导,且 $y(\frac{\pi}{6})=y(\frac{5\pi}{6})=\ln\frac{1}{2}$,所以函数满足罗尔定理的条件,则至少存在一点 $\xi\in(\frac{\pi}{6},\frac{5\pi}{6})$,使得 $y'(\xi)=0$,即 $\frac{\cos\xi}{\sin\xi}=0$,从而得 $\xi=\frac{\pi}{2}$.

3. 设函数 $f(x)=(x-1)(x-2)(x-3)(x-4)$,不求导数,判断方程 $f'(x)=0$ 有几个实根.

解　易见函数 $f(x)$ 在$[1,2]$上满足罗尔定理的条件,则至少存在一点 $\xi\in(1,2)$,使得 $f'(\xi)=0$,即 $f'(x)=0$ 在$(1,2)$内至少有一个实根. 同理,$f'(x)=0$ 在$(2,3)$内至少有一个实根;在$(3,4)$内至少有一个实根. 因此,$f'(x)=0$ 至少有三个实根. 而 $f'(x)=0$ 是三次方程,从而至多有三个实根. 于是 $f'(x)=0$ 有且只有三个实根.

*4. 设$f(x)$在$[0,1]$上连续，在$(0,1)$内可导，且$f(1)=0$. 求证：$\exists\xi\in(0,1)$，使$f'(\xi)=-\dfrac{f(\xi)}{\xi}$.

证　设$F(x)=xf(x)$，则$f'(x)=f(x)+xf'(x)$，易见$F(x)$在$[0,1]$上满足罗尔定理的条件，则至少存在一点$\xi\in(0,1)$，使得$f'(\xi)=0$，即$f(\xi)+\xi f'(\xi)=0$. 于是$f'(\xi)=-\dfrac{f(\xi)}{\xi}$.

*5. 若函数$f(x)$在(a,b)内具有二阶导数，且$f(x_1)=f(x_2)=f(45x_3)$，其中$a<x_1<x_2<x_3<b$. 证明：在(x_1,x_3)内至少有一点ξ，使得$f''(\xi)=0$.

证　因为$f(x_1)=f(x_2)$，$f(x)$在(a,b)内可导，所以函数$f(x)$满足罗尔定理的条件，从而至少存在一点$\eta\in(x_1,x_2)$，使得$f'(\eta)=0$.

同理，至少存在一点$\zeta\in(x_2,x_3)$，使得$f'(\zeta)=0$.

因为$f'(\eta)=f'(\zeta)=0$，且$f'(x)$在(η,ζ)内可导，所以函数$f'(x)$满足罗尔定理，从而至少存在一点$\xi\in(\eta,\zeta)\subset(x_1,x_2)$，使得$f''(\xi)=0$.

6. 证明下列不等式.

(1) 当$x>1$时，$e^x>e\cdot x$；

(2) 设$x>0$，证明：$\ln(1+x)<x$.

证　(1) 设$f(x)=e^x$，易见它在$[1,x]$上满足拉格朗日中值定理的条件，则有

$$f(x)-f(1)=f'(\xi)(x-1),\quad 1<\xi<x$$

而

$$f'(\xi)=e^{\xi}>e$$

即有

$$e^x-e=e^{\xi}(x-1)>e(x-1)$$

故

$$e^x>e\cdot x,\quad x>1$$

(2) 设$f(x)=\ln(1+x)$，易见它在$[0,x]$上满足拉格朗日中值定理的条件，则有

$$f(x)-f(0)=f'(\xi)(x-0),\quad 0<\xi<x$$

而

$$f'(\xi)=\frac{1}{1+\xi}<1$$

即有

$$\ln(1+x)=\frac{x}{1+\xi}<x$$

故

$$\ln(1+x)<x,\quad x>0$$

7. 证明下列等式成立.

(1) $2\arctan x+\arcsin\dfrac{2x}{1+x^2}=\pi(x\geqslant 1)$；

(2) $\arctan x - \frac{1}{2}\arccos\frac{2x}{1+x^2} = \frac{\pi}{4}(x \geqslant 1)$.

证　(1) 设 $f(x) = 2\arctan x + \arcsin\frac{2x}{1+x^2}(x \geqslant 1)$, 则

$$f'(x) = \frac{2}{1+x^2} + \frac{\left(\frac{2x}{1+x^2}\right)'}{\sqrt{1-\left(\frac{2x}{1+x^2}\right)^2}} = \frac{2}{1+x^2} - \frac{2}{1+x^2} = 0, \quad x > 1$$

从而

$$f(x) = C, \quad x > 1$$

取 $x = \sqrt{3} \in (1, +\infty)$, 则有

$$f(\sqrt{3}) = C = 2\arctan\sqrt{3} + \arcsin\frac{2\sqrt{3}}{4} = \pi$$

即

$$f(x) = 2\arctan x + \arcsin\frac{2x}{1+x^2} = \pi, \quad x > 1$$

而

$$f(1) = 2\arctan 1 + \arcsin\frac{2}{2} = \pi$$

故

$$2\arctan x + \arcsin\frac{2x}{1+x^2} = \pi, \quad x \geqslant 1$$

(2) 设 $f(x) = \arctan x - \frac{1}{2}\arccos\frac{2x}{1+x^2}(x \geqslant 1)$, 则

$$f'(x) = \frac{1}{1+x^2} + \frac{1}{2}\frac{\left(\frac{2x}{1+x^2}\right)'}{\sqrt{1-\left(\frac{2x}{1+x^2}\right)^2}} = \frac{1}{1+x^2} - \frac{1}{1+x^2} = 0, \quad x > 1$$

从而

$$f(x) = C, \quad x > 1$$

取 $x = \sqrt{3} \in (1, +\infty)$, 则有

$$f(\sqrt{3}) = C = \arctan\sqrt{3} - \frac{1}{2}\arccos\frac{2\sqrt{3}}{4} = \frac{\pi}{3} - \frac{\pi}{12} = \frac{\pi}{4}$$

即

$$f(x) = \arctan x - \frac{1}{2}\arccos\frac{2x}{1+x^2} = \frac{\pi}{4}, \quad x > 1$$

而

$$f(1) = \arctan 1 - \frac{1}{2}\arccos\frac{2}{2} = \frac{\pi}{4}$$

故

$$2\arctan x-\frac{1}{2}\arccos\frac{2x}{1+x^2}=\frac{\pi}{4},\quad x\geqslant 1$$

8. 设$f(x)$在$[0,c]$上连续,其导数$f'(x)$在$(0,c)$内存在且单调减少,$f(0)=0$. 试证明$f(a+b)\leqslant f(a)+f(b)$,其中常数$a,b$满足条件$0\leqslant a\leqslant b\leqslant a+b\leqslant c$.

证　(1) 特例:设$a=0$. 这时$f(a)=f(0)=0$,显然有

$$f(a+b)=f(b)=f(a)+f(b)$$

(2) 当$a\neq 0$时,在$[0,a]$和$[b,a+b]$上分别应用拉格朗日中值定理,得

$$f'(\xi_1)=\frac{f(a)-f(0)}{a-0}=\frac{f(a)}{a},\quad \xi_1\in(0,a)$$

$$f'(\xi_2)=\frac{f(a+b)-f(b)}{(a+b)-b}=\frac{f(a+b)-f(b)}{a},\quad \xi_2\in(b,a+b)$$

显然,$0<\xi_1<a\leqslant b<\xi_2<a+b\leqslant c$,又由题设有$f'(x)$在$(0,c)$内单调减少,所以$f'(\xi_1)\geqslant f'(\xi_2)$,即$\frac{f(a+b)-f(b)}{a}\leqslant\frac{f(a)}{a}$,又$a>0$,所以$f(a+b)\leqslant f(a)+f(b)$. 综合(1),(2)得证.

9. 试证$4ax^3+3bx^2+2cx=a+b+c$在$(0,1)$内至少有一个根.

证　构造函数

$$f(x)=ax^4+bx^3+cx^2-(a+b+c)x$$

显然,$f(x)$在$[0,1]$上连续,在$(0,1)$内可导,且$f(0)=f(1)=0$. 由罗尔定理知,在$(0,1)$内至少有一点ξ,使$f'(\xi)=0$,即

$$4a\xi^3+3v\xi^2+2c\xi-(a+b+c)=0$$

$$4a\xi^3+3b\xi^2+2c\xi=a+b+c$$

可见,ξ是方程$4ax^3+3bx^2+2cx=a+b+c$的根.

习题3.2解答

1. 用洛必达法则求下列极限.

(1) $\lim\limits_{x\to 0}\frac{\sin ax}{\tan bx}$;　　(2) $\lim\limits_{x\to a}\frac{x^m-a^m}{x^n-a^n}$;

(3) $\lim\limits_{x\to 0}\frac{x-\sin x}{x^2}$;　　(4) $\lim\limits_{x\to\frac{\pi}{2}}\frac{\ln\sin x}{(\pi-2x)^2}$;

(5) $\lim\limits_{x\to+\infty}\frac{\ln x}{x}$;　　(6) $\lim\limits_{x\to+\infty}\frac{\ln(1+e^x)}{e^x}$;

(7) $\lim\limits_{x\to+\infty}\frac{x^3}{e^x}$;　　(8) $\lim\limits_{x\to+\infty}\frac{x^2+\ln x}{x\ln x}$;

(9) $\lim\limits_{x\to 0}\frac{x-\arctan x}{x^3}$;　　(10) $\lim\limits_{x\to+\infty}\frac{x^n}{e^x}$($n$为正整数).

解　(1) $\lim\limits_{x\to 0}\frac{\sin ax}{\tan bx}=\lim\limits_{x\to 0}\frac{a\cos ax}{b\sec^2 bx}=\frac{a}{b}$;

(2) $\lim\limits_{x\to a}\dfrac{x^m-a^m}{x^n-a^n}=\lim\limits_{x\to a}\dfrac{mx^{m-1}}{nx^{n-1}}=\dfrac{m}{n}a^{m-n}$;

(3) $\lim\limits_{x\to 0}\dfrac{x-\sin x}{x^2}=\lim\limits_{x\to 0}\dfrac{1-\cos x}{2x}=\lim\limits_{x\to 0}\dfrac{\sin x}{2}=0$;

(4) $\lim\limits_{x\to\frac{\pi}{2}}\dfrac{\ln\sin x}{(\pi-2x)^2}=\lim\limits_{x\to\frac{\pi}{2}}\dfrac{\frac{\cos x}{\sin x}}{-4(\pi-2x)}=\lim\limits_{x\to\frac{\pi}{2}}\dfrac{\csc^2 x}{-8}=-\dfrac{1}{8}$;

(5) $\lim\limits_{x\to+\infty}\dfrac{\ln x}{x}=\lim\limits_{x\to+\infty}\dfrac{\frac{1}{x}}{1}=0$;

(6) $\lim\limits_{x\to+\infty}\dfrac{\ln(1+e^x)}{e^x}=\lim\limits_{x\to+\infty}\dfrac{\frac{e^x}{1+e^x}}{e^x}=0$;

(7) $\lim\limits_{x\to+\infty}\dfrac{x^3}{e^x}=\lim\limits_{x\to+\infty}\dfrac{3x^2}{e^x}=\lim\limits_{x\to+\infty}\dfrac{6x}{e^x}=\lim\limits_{x\to+\infty}\dfrac{6}{e^x}=0$;

(8) $\lim\limits_{x\to+\infty}\dfrac{x^2+\ln x}{x\ln x}=\lim\limits_{x\to+\infty}\dfrac{2x+\frac{1}{x}}{\ln x+1}=\lim\limits_{x\to+\infty}\dfrac{2-\frac{1}{x^2}}{\frac{1}{x}}=+\infty$;

(9) $\lim\limits_{x\to 0}\dfrac{x-\arctan x}{x^3}=\lim\limits_{x\to 0}\dfrac{1-\frac{1}{1+x^2}}{3x^2}=\lim\limits_{x\to 0}\dfrac{1}{3(1+x^2)}=\dfrac{1}{3}$;

(10) $\lim\limits_{x\to+\infty}\dfrac{x^n}{e^x}=\lim\limits_{x\to+\infty}\dfrac{nx^{n-1}}{e^x}=\lim\limits_{x\to+\infty}\dfrac{n(n-1)x^{n-2}}{e^x}=\cdots=\lim\limits_{x\to+\infty}\dfrac{n\cdot(n-1)\cdot\cdots\cdot 1}{e^x}=0.$

2. 求下列极限.

(1) $\lim\limits_{x\to 1}(1-x)\tan\dfrac{\pi x}{2}$;　　(2) $\lim\limits_{x\to 0^+}x\ln x$;

(3) $\lim\limits_{x\to\infty}\left[x-x^2\ln\left(1+\dfrac{1}{x}\right)\right]$;　　(4) $\lim\limits_{x\to 0}\left(\dfrac{1}{x}-\csc x\right)$.

解　(1) $\lim\limits_{x\to 1}(1-x)\tan\dfrac{\pi}{2}x=\lim\limits_{x\to 1}\dfrac{1-x}{\cot\frac{\pi}{2}x}=\lim\limits_{x\to 1}\dfrac{-1}{-\frac{\pi}{2}\csc^2\frac{\pi}{2}x}=\dfrac{2}{\pi}$;

(2) $\lim\limits_{x\to 0^+}x\ln x=\lim\limits_{x\to 0^+}\dfrac{\ln x}{\frac{1}{x}}=\lim\limits_{x\to 0^+}\dfrac{\frac{1}{x}}{-\frac{1}{x^2}}=\lim\limits_{x\to 0^+}(-x)=0$;

(3) 令 $x=\dfrac{1}{t}$,所以$\dfrac{1}{x}=t$,则 $x\to\infty$,$t\to 0$,所以

$$\lim_{x\to\infty}\left[x-x^2\ln\left(1+\frac{1}{x}\right)\right]=\lim_{t\to 0}\left[\frac{1}{t}-\frac{1}{t^2}\ln(1+t)\right]=\lim_{t\to 0}\frac{t-\ln(1+t)}{t^2}=$$

$$\lim_{t\to 0}\frac{1-\frac{1}{1+t}}{2t}=\lim_{t\to 0}\frac{1}{2(1+t)}=\frac{1}{2};$$

(4) $\lim\limits_{x\to0}\left(\frac{1}{x}-\csc x\right)=\lim\limits_{x\to0}\left(\frac{1}{x}-\frac{1}{\sin x}\right)=\lim\limits_{x\to0}\frac{\sin x-x}{x\sin x}=\lim\limits_{x\to0}\frac{\cos x-1}{\sin x+x\cos x}=$

$$\lim_{x\to0}\frac{-\sin x}{\cos x+\cos x-x\sin x}=0.$$

3. 求下列极限.

(1) $\lim\limits_{x\to0^+}x^{\sin x}$;

(2) $\lim\limits_{x\to0^+}\left(\frac{1}{x}\right)^{\tan x}$;

(3) $\lim\limits_{x\to0}\left(\frac{\sin x}{x}\right)^{\frac{1}{1-\cos x}}$;

(4) $\lim\limits_{x\to e}(\ln x)^{\frac{1}{1-\ln x}}$;

(5) $\lim\limits_{x\to\infty}\left(1+\frac{3}{x}+\frac{5}{x^2}\right)^x$.

解　(1) 设 $y=x^{\sin x}$,则

$$\ln y=\sin x\ln x$$

而

$$\lim_{x\to0^+}\ln y=\lim_{x\to0^+}\frac{\ln x}{\csc x}=\lim_{x\to0^+}\frac{1}{-x\csc x\cot x}=-\lim_{x\to0^+}\frac{\sin^2x}{x\cos x}=-\lim_{x\to0^+}\frac{\sin x}{\cos x}=0$$

故

$$\lim_{x\to0^+}x^{\sin x}=e^0=1$$

(2) 设 $y=\left(\frac{1}{x}\right)^{\tan x}$,则

$$\ln y=\tan x\ln\frac{1}{x}$$

而

$$\lim_{x\to0^+}\ln y=\lim_{x\to0^+}\frac{-\ln x}{\cot x}=\lim_{x\to0^+}\frac{1}{x\csc^2x}=\lim_{x\to0^+}\frac{\sin^2x}{x}=0$$

故

$$\lim_{x\to0^+}\left(\frac{1}{x}\right)^{\tan x}=e^0=1$$

(3) 设 $y=\left(\frac{\sin x}{x}\right)^{\frac{1}{1-\cos x}}$,则 $\ln y=\dfrac{\ln\frac{\sin x}{x}}{1-\cos x}$,而

$$\lim_{x\to0}\ln y=\lim_{x\to0}\frac{\frac{x}{\sin x}\cdot\frac{x\cos x-\sin x}{x^2}}{\sin x}=\lim_{x\to0}\frac{x\cos x-\sin x}{x^2\sin x}=$$

$$\lim_{x\to0}\frac{\cos x-x\sin x-\cos x}{2x\sin x+x^2\cos x}=\lim_{x\to0}\frac{-1}{2+\frac{x}{\tan x}}=-\frac{1}{3}$$

故

$$\lim_{x\to0}\left(\frac{\sin x}{x}\right)^{\frac{1}{1-\cos x}}=e^{-\frac{1}{3}}$$

(4) 设 $y=(\ln x)^{\frac{1}{1-\ln x}}$,则 $\ln y=\dfrac{\ln(\ln x)}{1-\ln x}$,而

$$\lim_{x\to e}\ln y=\lim_{x\to e}\frac{\dfrac{1}{x\ln x}}{-\dfrac{1}{x}}=-1$$

故

$$\lim_{x\to e}(\ln x)^{\frac{1}{1-\ln x}}=e^{-1}$$

(5) 设 $y=\left(1+\dfrac{3}{x}+\dfrac{5}{x^2}\right)^x$,则

$$\ln y=x\ln\left(1+\frac{3}{x}+\frac{5}{x^2}\right)$$

而

$$\lim_{x\to\infty}\ln y=\lim_{x\to\infty}\frac{\ln\left(1+\dfrac{3}{x}+\dfrac{5}{x^2}\right)}{\dfrac{1}{x}}=3$$

故

$$\lim_{x\to\infty}\left(1+\frac{3}{x}+\frac{5}{x^2}\right)^x=e^3$$

4. 设函数 $f(x)$ 二次可微,且 $f(0)=0,f'(0)=1,f''(0)=2$,试求 $\lim\limits_{x\to0}\dfrac{f(x)-x}{x^2}$.

解　$\lim\limits_{x\to0}\dfrac{f(x)-x}{x^2}=\lim\limits_{x\to0}\dfrac{f'(x)-1}{2x}=\dfrac{1}{2}\lim\limits_{x\to0}\dfrac{f'(x)-f'(0)}{x-0}=\dfrac{1}{2}f''(0)=1.$

5. 当 a 与 b 为何值时, $\lim\limits_{x\to0}\left(\dfrac{\sin 3x}{x^3}+\dfrac{a}{x^2}+b\right)=0$.

解　由 $\lim\limits_{x\to0}\left(\dfrac{\sin 3x}{x^3}+\dfrac{a}{x^2}+b\right)=0$,可得 $\lim\limits_{x\to0}\dfrac{\sin 3x+ax}{x^3}=-b$,而

$$\lim_{x\to0}\frac{\sin 3x+ax}{x^3}=\lim_{x\to0}\frac{3\cos 3x+a}{3x^2}=-b$$

于是有

$$3\cos 3x+a=[-b+\alpha(x)]3x^2$$

其中, α 是当 $x\to0$ 时的无穷小.

当 $x\to0$ 时,对上式取极限得 $3+a=0$,即 $a=-3$. 因此 $\lim\limits_{x\to0}\dfrac{3\cos 3x-3}{3x^2}=-b$,而 $\lim\limits_{x\to0}\dfrac{3\cos 3x-3}{3x^2}=\lim\limits_{x\to0}\dfrac{-9\sin 3x}{6x}=-\dfrac{9}{2}$,所以 $b=\dfrac{9}{2}$.

习题 3.3 解答

1. 求函数 $f(x)=\dfrac{1}{x}$ 按 $(x+1)$ 的幂展开的带有拉格朗日型余项的 n 阶泰勒公式.

解　设$f(x)=\frac{1}{x}$,则有

$$f^{(n)}(x)=\frac{(-1)^n n!}{x^{n+1}}$$

$$f^{(n)}(-1)=\frac{(-1)^n n!}{(-1)^{n+1}}=-n!$$

从而

$$\frac{f^{(n)}(x)}{n!}=-1$$

故有

$$\frac{1}{x}=-[1+(x+1)+(x+1)^2+\cdots+(x+1)^n]+$$

$$(-1)^{n+1}\frac{(x+1)^{n+1}}{[-1+\theta(x+1)]^{n+2}},\quad 0<\theta<1$$

2. 求函数$f(x)=\tan x$带有拉格朗日型余项的二阶麦克劳林公式.

解　$f(x)=\tan x$,则有$f(0)=0$,$f'(0)=\sec^2 x|_{x=0}=1$,$f''(0)=2\sec^2 x\tan x|_{x=0}=0$,$f'''(x)=4\sec^2 x\tan^2 x+2\sec^4 x=2\cdot\frac{1+2\sin^2 x}{\cos^4 x}$,故有

$$\tan x=0+x+0\cdot x^2+\frac{2}{3!}\cdot\frac{1+2\sin^2\theta x}{\cos^4\theta x}\cdot x^3=x+\frac{1+2\sin^2\theta x}{3\cos^4\theta x}\cdot x^3,\quad 0<\theta<1$$

3. 用三阶泰勒公式求下列各数的近似值,并估计其误差.

(1) $\sqrt[3]{30}$;　　(2) $\sin 18°$.

解　(1) 由于$\sqrt[3]{30}=\sqrt[3]{27+3}=3\sqrt[3]{1+\frac{1}{9}}$,设$f(x)=\sqrt[3]{1+x}$和$x_0=0$,则$\Delta x=\frac{1}{9}$,$f(x)$的三阶麦克劳林公式为

$$f(x)=(1+x)^{\frac{1}{3}}=$$

$$1+\frac{1}{3}x+\frac{\frac{1}{3}(\frac{1}{3}-1)}{2!}x^2+\frac{\frac{1}{3}(\frac{1}{3}-1)(\frac{1}{3}-2)}{3!}x^3+R_3(x)=$$

$$1+\frac{1}{3}x-\frac{x^2}{9}+\frac{5}{81}x^3+R_3(x)$$

故

$$\sqrt[3]{30}=3\left(1+\frac{1}{9}\right)^{\frac{1}{3}}\approx 3\left(1+\frac{1}{3\times 9}-\frac{1}{9\times 81}+\frac{5}{81\times 729}\right)\approx 3.107\ 25\qquad(*)$$

而

$$|R_3(x)|=\left|\frac{1}{4!}\times\frac{1}{27}\times\left(\frac{1}{3}-3\right)(1+\theta x)^{\frac{1}{3}-4}x^4\right|=\frac{10}{243}\frac{|x|^4}{(1+\theta|x|)^{\frac{11}{3}}}$$

故

$$R_3\leqslant 3\times\frac{10}{243}\times\left(\frac{1}{9}\right)^4\approx 1.882\times 10^{-5}$$

而式(*)中只有三个近似项,舍入误差,得

$$\delta < 3 \times 0.5 \times 10^{-6} = 0.15 \times 10^{-5}$$

故总误差为

$$\Delta = |R_3| + \delta < 2.032 \times 10^{-5}$$

(2) 设$f(x) = \sin x$和$x_0 = 0, x = 18° \approx 0.1\pi$,由于$\sin x$的三阶麦克劳林公式为

$$\sin x = x - \frac{1}{3!}x^3 + \frac{\cos \theta x}{5!}x^5, \quad 0 < \theta < 1$$

故

$$\sin 18° = 0.1\pi - \frac{(0.1\pi)^3}{3!} \approx 0.308\ 99$$

而

$$|R_5(x)| \leqslant \frac{(0.1\pi)^5}{5!} \approx 2.55 \times 10^{-5}$$

由于参加近似计算的有两项,它们的舍入误差为

$$\delta < 2 \times 0.5 \times 10^{-6} = 10^{-6}$$

故总误差为

$$\Delta = |R_5| + \delta < 2.65 \times 10^{-5}$$

4. 利用函数的泰勒展开式求下列函数的极限.

(1) $\lim\limits_{x\to\infty}[x - x^2\ln(1 + \frac{1}{x})]$;　　(2) $\lim\limits_{x\to 0}\frac{\sin x - x\cos x}{\sin^3 x}$;

(3) $\lim\limits_{x\to 0}\frac{\cos x - e^{-\frac{x^2}{2}}}{x^2[x + \ln(1 - x)]}$.

解　(1) $\lim\limits_{x\to\infty}[x - x^2\ln(1 + \frac{1}{x})] = \lim\limits_{x\to\infty}\{x - x^2[\frac{1}{x} - \frac{1}{2x^2} + \frac{1}{12x^3} + o(\frac{1}{x^4})]\} =$

$$\lim_{x\to\infty}[\frac{1}{2} - \frac{1}{12x} - x^2 \cdot o(\frac{1}{x^4})] = \frac{1}{2};$$

(2) $\lim\limits_{x\to 0}\frac{\sin x - x\cos x}{\sin^3 x} = \lim\limits_{x\to 0}\frac{x - \frac{x^3}{3!} + o(x^3) - [x - \frac{x^3}{2!} + x \cdot o(x^3)]}{x^3} = \frac{1}{3}$;

(3) $\lim\limits_{x\to 0}\frac{\cos x - e^{-\frac{x^2}{2}}}{x^2[x + \ln(1 - x)]} = \lim\limits_{x\to 0}\frac{1 - \frac{x^2}{2!} - \frac{x^4}{4!} + o(x^5) - [1 - \frac{x^2}{2} + \frac{x^4}{8} + o(x^4)]}{x^2\{x + [-x - \frac{x^2}{2} + o(x^2)]\}} =$

$$\lim_{x\to 0}\frac{-\frac{x^4}{12} + o(x^4)}{x^2[-\frac{x^2}{2} + o(x^2)]} = \frac{1}{6}.$$

5. 设$x > 0$,证明$x - \frac{x^2}{2} < \ln(1 + x)$.

解　设函数$f(x) = x - \frac{x^2}{2} - \ln(1 + x)$,则

$$f'(x)=1-x-\frac{1}{1+x},\quad f''(x)=-1+\frac{1}{(1+x)^2}$$

当 $x>0$ 时,有 $f''<0$,于是函数 $f'(x)$ 在 $(0,+\infty)$ 内单调递减,从而对于 $\forall x>0$,有 $f'(x)<f'(0)=0$,于是函数 $f(x)$ 在 $(0,+\infty)$ 内单调递减,从而对于 $\forall x>0$,有 $f(x)<f(0)=0$,即 $x-\frac{x^2}{2}<\ln(1+x)$.

习题 3.4 解答

1. 求下列函数的单调区间.

(1) $f(x)=12-12x+2x^2$;　　(2) $f(x)=2x^2-\ln x$;

(3) $f(x)=\frac{x}{1+x^2}$;　　(4) $f(x)=(x^2-2x)e^x$;

(5) $y=(x-1)(x+1)^3$;　　(6) $y=x-\ln(1+x)$.

解　(1) $f(x)=12-12x+2x^2$,则 $f'(x)=-12+4x$. 令 $f'(x)=0$ 得 $x=3$,从而有:

当 $x\in(-\infty,3)$ 时,$f'(x)<0$,故 $f(x)$ 在 $(-\infty,3]$ 上单调递减;

当 $x\in(3,+\infty)$ 时,$f'(x)>0$,故 $f(x)$ 在 $[3,+\infty)$ 上单调递增.

(2) $f(x)=2x^2-\ln x\ (x>0)$,则 $f'(x)=4x-\frac{1}{x}$. 令 $f'(x)=0$ 得 $x=\frac{1}{2}$,从而有:

当 $x\in(0,\frac{1}{2})$ 时,$f'(x)<0$,故 $f(x)$ 在 $(0,\frac{1}{2}]$ 上单调递减;

当 $x\in(\frac{1}{2},+\infty)$ 时,$f'(x)>0$,故 $f(x)$ 在 $[\frac{1}{2},+\infty)$ 上单调递增.

(3) $f(x)=\frac{x}{1+x^2}$,则 $f'(x)=\frac{1-x^2}{(1+x^2)^2}$. 令 $f'(x)=0$ 得 $x=-1,1$,从而有:

当 $x\in(-\infty,-1)$ 时,$f'(x)<0$,故 $f(x)$ 在 $(-\infty,-1]$ 上单调递减;

当 $x\in(-1,1)$ 时,$f'(x)>0$,故 $f(x)$ 在 $[-1,1]$ 上单调递增;

当 $x\in(1,+\infty)$ 时,$f'(x)<0$,故 $f(x)$ 在 $[1,+\infty)$ 上单调递减.

(4) $f(x)=(x^2-2x)e^x$,则 $f'(x)=(2x-2)e^x+(x^2-2x)e^x=(x^2-2)e^x$. 令 $f'(x)=0$,得 $x=-\sqrt{2},\sqrt{2}$,从而有:

当 $x\in(-\infty,-\sqrt{2})$ 时,$f'(x)>0$,故 $f(x)$ 在 $(-\infty,-\sqrt{2}]$ 上单调递增;

当 $x\in(-\sqrt{2},\sqrt{2})$ 时,$f'(x)<0$,故 $f(x)$ 在 $[-\sqrt{2},\sqrt{2}]$ 上单调递减;

当 $x\in(\sqrt{2},+\infty)$ 时,$f'(x)>0$,故 $f(x)$ 在 $[\sqrt{2},+\infty)$ 上单调递增.

(5) $y=(x-1)(x+1)^3$,则 $y'=(x+1)^3+3(x-1)(x+1)^2=(x+1)^2(4x-2)$. 令 $y'=0$ 得 $x=-1,\frac{1}{2}$,从而有:

当 $x\in(-\infty,-1)$ 时,$y'<0$,故 $f(x)$ 在 $(-\infty,-1]$ 上单调递减;

当 $x\in(-1,\frac{1}{2})$ 时,$y'<0$,故 $f(x)$ 在 $[-\sqrt{2},\sqrt{2}]$ 上单调递减;

当 $x \in (\frac{1}{2}, +\infty)$ 时, $y' > 0$, 故 $f(x)$ 在 $[\frac{1}{2}, +\infty)$ 上单调递增.

(6) $y = x - \ln(1+x)$, $x > -1$, 则 $y' = 1 - \frac{1}{1+x} = \frac{x}{1+x}$. 令 $y' = 0$ 得 $x = 0$, 从而有:

当 $x \in (-1,0)$ 时, $y' < 0$, 故 $f(x)$ 在 $(-1,0]$ 上单调递减;

当 $x \in (0, +\infty)$ 时, $y' > 0$, 故 $f(x)$ 在 $[0, +\infty)$ 上单调递增.

2. 求下列函数的极值.

(1) $f(x) = \frac{x^3}{3} - \frac{x^2}{2} - 2x + \frac{1}{3}$;　　(2) $f(x) = x + \sqrt{1-x}$;

(3) $f(x) = x^2 e^{-x}$;　　(4) $f(x) = x^3 - 3x$.

解　(1) $f'(x) = x^2 - x - 2$, $f''(x) = 2x - 1$. 令 $f'(x) = 0$, 得驻点 $x_1 = -1$, $x_2 = 2$, 而 $f''(-1) < 0$, $f''(2) > 0$, 因此函数 $f(x)$ 在 $x_1 = -1$ 处取得极大值 $f(-1) = \frac{3}{2}$; 在 $x_2 = 2$ 处取得极小值 $f(2) = -3$.

(2) $f'(x) = 1 - \frac{1}{2\sqrt{1-x}}$, $f''(x) = -\frac{1}{4\sqrt{1-x}}$. 令 $f'(x) = 0$, 得驻点 $x = \frac{3}{4}$, 而 $f''(\frac{3}{4}) < 0$, 因此函数 $f(x)$ 在 $x = \frac{3}{4}$ 处取得极大值 $f(\frac{3}{4}) = \frac{5}{4}$.

(3) $f'(x) = 2xe^{-x} - x^2e^{-x} = (2x - x^2)e^{-x}$, $f''(x) = (2 - 4x + x^2)e^{-x}$. 令 $f'(x) = 0$, 得驻点 $x_1 = 0$, $x_2 = 2$, 而 $f''(0) > 0$, $f''(2) < 0$, 因此函数 $f(x)$ 在 $x_1 = 0$ 处取得极小值 $f(0) = 0$; 在 $x_2 = 2$ 处取得极大值 $f(2) = 4e^{-2}$.

(4) $f'(x) = 3(x-1)(x+1)$, $f''(x) = 6x$. 令 $f'(x) = 0$ 得驻点 $x_1 = 1$, $x_2 = -1$, 而 $f''(1) = 6 > 0$, $f''(-1) = -6 < 0$, 所以 $f(x)$ 在 $x_1 = 1$ 处取极小值 $f(1) = -2$; 在 $x_2 = -1$ 处取极大值 $f(-1) = 2$.

3. 试问 a 为何值时, 函数 $f(x) = a\sin x + \frac{1}{3}\sin 3x$ 在 $x = \frac{\pi}{3}$ 处取得极值?

解　$f'(x) = a\cos x + \cos 3x$, 因为 $f(x)$ 在 $x = \frac{\pi}{3}$ 处取得极值, 所以 $f'(\frac{\pi}{3}) = \frac{a}{2} - 1 = 0$, 于是得 $a = 2$.

4. 试证明: 若函数 $y = ax^3 + bx^2 + cx + d$ 满足条件 $b^2 - 3ac < 0$, 那么该函数没有极值.

证　$y' = 3ax^2 + 2bx + c$, 要使 $y' = 0$ 有根, 须满足 $b^2 - 3ac \geqslant 0$, 因此当 $b^2 - 3ac < 0$ 时函数没有极值.

5. 证明下列不等式.

(1) 当 $x > 0$ 时, $1 + \frac{1}{2}x > \sqrt{1+x}$;

(2) 当 $0 < x < \frac{\pi}{2}$ 时, $\sin x + \tan x > 2x$.

证　(1) 设 $y = 1 + \frac{1}{2}x - \sqrt{1+x}$, 则 $y' = \frac{1}{2} - \frac{1}{2\sqrt{1+x}}$, $y'' = \frac{1}{4\sqrt{1+x}}$. 令 $y' = 0$, 得

驻点 $x=0$，而 $y''(0)>0$，因此函数 $f(x)$ 在 $x=0$ 处取得极小值 $f(0)=0$，于是 $\forall x\in(0,+\infty)$，有 $y(x)>y(0)=0$，从而有 $1+\frac{1}{2}x>\sqrt{1+x}$.

(2) 设 $y=\sin x+\tan x-2x$，则

$$y'=\cos x+\sec^2 x-2$$
$$y''=-\sin x+2\sec^2 x\tan x$$

令 $y'=0$，得驻点 $x=0$，而 $y''(0)>0$，因此函数 $f(x)$ 在 $x=0$ 处取得极小值 $f(0)=0$，于是 $\forall x\in(0,\frac{\pi}{2})$，有 $y(x)>y(0)=0$，从而有 $\sin x+\tan x>2x$.

习题3.5解答

1. 求下列曲线的凹凸区间和拐点.

(1) $f(x)=x^3-3x^2+7$；　　(2) $y=2x^3+3x^2+x+2$；

(3) $y=xe^x$；　　(4) $f(x)=\ln(1+x^2)$；

(5) $y=\sqrt[3]{x}$；　　(6) $y=(x-2)^{\frac{5}{3}}$.

解　(1) $f'(x)=3x^2-6x$，$f''(x)=6x-6$，令 $f''(x)=0$，得到可能的拐点 $x=1$，没有二阶不可导点.

当 $x\in(-\infty,1)$ 时，$y''<0$，曲线向上凸，即 $(-\infty,1)$ 是凸区间；

当 $x\in(1,+\infty)$ 时，$y''>0$，曲线向上凹，即 $(1,+\infty)$ 是凹区间；

且 $f(1)=5$，即点 $(1,5)$ 为拐点.

(2) $y'=6x^2+6x+1$，$y''=12x+6$.

令 $y''=0$，得到可能的拐点 $x=-\frac{1}{2}$，没有二阶不可导点.

当 $x\in(-\infty,-\frac{1}{2})$ 时，$y''<0$，曲线向上凸，即 $(-\infty,-\frac{1}{2})$ 是凸区间；

当 $x\in(-\frac{1}{2},+\infty)$ 时，$y''>0$，曲线向上凹，即 $(-\frac{1}{2},+\infty)$ 是凹区间；

且 $f(-\frac{1}{2})=2$，即点 $(-\frac{1}{2},2)$ 为拐点.

(3) $y'=e^x+xe^x$，$y''=2e^x+xe^x$. 令 $y''=0$，得到可能的拐点 $x=-2$，没有二阶不可导点.

当 $x\in(-\infty,-2)$ 时，$y''<0$，曲线向上凸，即 $(-\infty,-2)$ 是凸区间；

当 $x\in(-2,+\infty)$ 时，$y''>0$，曲线向上凹，即 $(-2,+\infty)$ 是凹区间；

且 $f(-2)=-2e^{-2}$，即点 $(-\frac{1}{2},-2e^{-2})$ 为拐点.

(4) $f'(x)=\frac{2x}{1+x^2}$，$f''(x)=\frac{2(1-x^2)}{(1+x^2)^2}$. 令 $f''(x)=0$，得到可能的拐点 $x_1=-1$，$x_2=1$，没有二阶不可导点.

由表2可知，$(-\infty,-1)$，$(1,+\infty)$ 是凸区间；$(-1,1)$ 是凹区间；且 $f(-1)=\ln 2$，

$f(1)=\ln 2$,即点$(-1,\ln 2)$,$(1,\ln 2)$是拐点.

表2

x	$(-\infty,-1)$	-1	$(-1,1)$	1	$(1,+\infty)$
y''	$-$	0	$+$	0	$-$
y	凸	$\ln 2$	凹	$\ln 2$	凸

(5) 定义域为$(-\infty,+\infty)$,$y'=\dfrac{1}{3\sqrt[3]{x^2}}$,$y''=-\dfrac{2}{9}\cdot\dfrac{1}{x\sqrt[3]{x^2}}$.

当$x=0$时,y''不存在;

当$x<0$时,$y''>0$,曲线向上凹,即$(-\infty,0)$是凹区间;

当$x>0$时,$y''<0$,曲线向上凸,即$(0,+\infty)$是凸区间;

且$f(0)=0$,即点$(0,0)$为拐点.

(6) $y'=\dfrac{5}{3}(x-2)^{\frac{2}{3}}$,$y''=\dfrac{10}{9}(x-2)^{-\frac{1}{3}}$.

当$x=2$时,$y'=0$,y''不存在;

当$x<2$时,$y''<0$,曲线是凸的;

当$x>2$时,$y''>0$,曲线是凹的.

2. 当a,b为何值时,点$(1,3)$为曲线$y=ax^3+bx^2$的拐点?

解　$y'=3ax^2+2bx$,$y''=6ax+2b$. 因为点$(1,3)$是曲线的拐点,所以$y''(1)=6a+2b=0$,且$y(1)=a+b=3$,于是得$a=-\dfrac{3}{2}$,$b=\dfrac{9}{2}$.

3. $y=ax^3+bx^2+cx+d$在$x=0$处有极值$y=0$,点$(1,1)$是拐点,求a,b,c,d的值.

解　$y'=3ax^2+2bx+c$,$y''=6ax+2b$. 因为函数在点$x=0$处有极限且$y'(0)$存在,所以$y(0)=d=0$,$y'(0)=c=0$. 且点$(1,1)$是拐点,从而$y''(1)=6a+2b=0$,$y(1)=a+b+c+d=1$. 于是得$a=-\dfrac{1}{2}$,$b=\dfrac{3}{2}$,$c=0$,$d=0$.

4. 利用函数图形的凹凸性,证明不等式:

$$x\ln x+y\ln y>(x+y)\ln\frac{x+y}{2},\quad x>0,y>0,x\neq y$$

证　设$f(x)=x\ln x$,$f'(x)=\ln x+1$,$f''(x)=\dfrac{1}{x}$,当$x\in(-\infty,0)$时,$f''(x)>0$,曲线$f(x)$是上凹的,从而有

$$\frac{f(x)+f(y)}{2}>f\left(\frac{x+y}{2}\right)$$

即

$$x\ln x+y\ln y>(x+y)\ln\frac{x+y}{2}$$

习题3.6解答

1. 求下列曲线的渐近线.

(1) $y=\frac{\sin x}{x}$;　　　　(2) $y=\frac{4}{x^2-2x-3}$;

(3) $y=\frac{e^x}{1+x}$;　　　　(4) $y=x+\arctan x$.

解　(1) 因为$\lim\limits_{x\to\infty}\frac{\sin x}{x}=0$,所以直线 $y=0$ 是曲线的水平渐近线.

(2) 因为$\lim\limits_{x\to-1}\frac{4}{x^2-2x-3}=\infty$,$\lim\limits_{x\to3}\frac{4}{x^2-2x-3}=\infty$,所以直线 $x=-1$,$x=3$ 是曲线的铅直渐近线;因为$\lim\limits_{x\to\infty}\frac{4}{x^2-2x-3}=0$,所以直线 $y=0$ 是曲线的水平渐近线.

(3) 因为$\lim\limits_{x\to-1}\frac{e^x}{1+x}=\infty$,所以直线 $x=-1$ 是曲线的铅直渐近线.

(4) 因为

$$\lim_{x\to+\infty}\frac{x+\arctan x}{x}=1,\quad \lim_{x\to+\infty}(x+\arctan x-x)=\frac{\pi}{2}$$

$$\lim_{x\to-\infty}\frac{x+\arctan x}{x}=1,\quad \lim_{x\to-\infty}(x+\arctan x-x)=-\frac{\pi}{2}$$

所以 $y=x\pm\frac{\pi}{2}$ 为曲线的两条斜渐近线.

2. 作下列函数的图形.

(1) $y=\ln(1+x^2)$;　　　　(2) $y=\frac{1}{1+x^2}$.

解　(1) 所给函数的定义域为$(-\infty,+\infty)$,且函数是偶函数,因此图形关于 y 轴对称,先作$[0,+\infty)$上的图形.

$$y'=\frac{2x}{1+x^2},\quad y''=\frac{2(1-x^2)}{(1+x^2)^2}$$

令 $y'=0$,得驻点 $x_1=0$;令 $y''=0$,得驻点 $x_2=1$,$x_3=-1$,没有不可导点.

只取 $x=0,1$ 划分正半轴,列表讨论函数的形态(表3).

表3

x	0	$(0,1)$	1	$(1,+\infty)$
y'	0	+	+	+
y''	+	+	0	−
y	极小值 $f(0)=0$	升 凹	拐点 $(1,\ln 2)$	升 凸

补充一个点的坐标:$(3,\ln 10)$.

综上所述,将坐标图中的点按表中曲线的走势描绘出来,从而得到曲线图形,如图2所示.

(2) 所给函数的定义域为$(-\infty,+\infty)$,且函数是偶函数,因此图形关于 y 轴对称,先作$[0,+\infty)$上的图形.

$$y'=-\frac{2x}{(1+x^2)^2},\quad y''=\frac{2(1+x^2)(3x^2-1)}{(1+x^2)^4}$$

令 $y'=0$,得驻点 $x_1=0$;令 $y''=0$,得驻点 $x_2=\frac{\sqrt{3}}{3}$,$x_3=-\frac{\sqrt{3}}{3}$,没有不可导点.

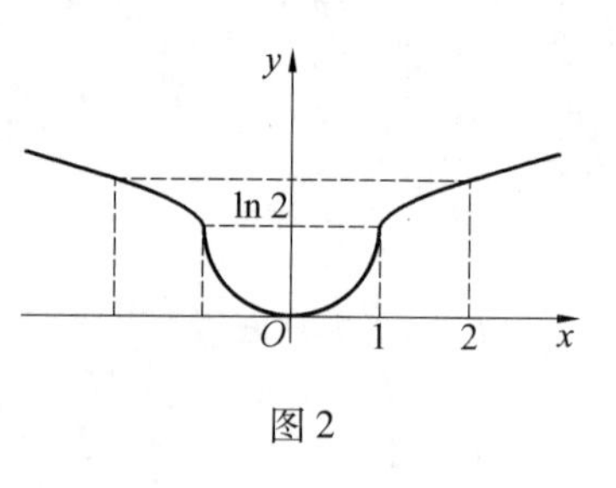

图 2

只取 $x=0,\frac{\sqrt{3}}{3}$ 划分正半轴,列表讨论函数的形态(表 4).

表 4

x	0	$(0,\frac{\sqrt{3}}{3})$	$\frac{\sqrt{3}}{3}$	$(\frac{\sqrt{3}}{3},+\infty)$
y'	0	−	−	−
y''	−	−	0	+
y	极大值 $f(0)=1$	降 凸	拐点 $(\frac{\sqrt{3}}{3},\frac{3}{4})$	降 凹

因为 $\lim\limits_{x\to\infty}\frac{1}{1+x^2}=0$,所以 $y=0$ 是曲线的水平渐近线,补充一个点的坐标:$(1,\frac{1}{2})$.

综上所述,将坐标图中的点按表中曲线的走势描绘出,从而得到曲线图形,如图 3 所示.

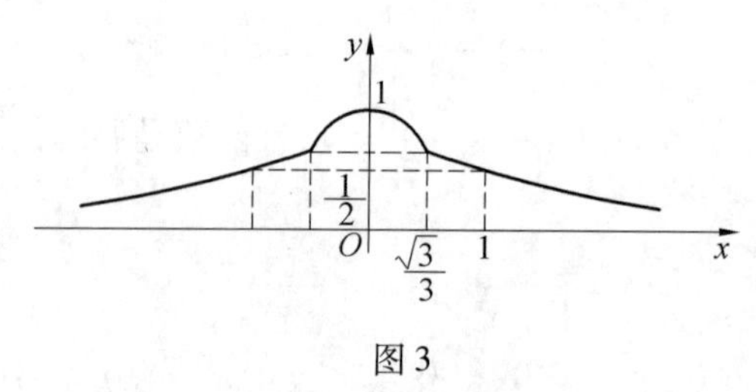

图 3

习题 3.7 解答

1. 求椭圆 $4x^2+y^2=4$,在点(0,2) 处的曲率.

解　由 $4x^2+y^2=4$ 两边对 x 求导得 $8x+2yy'=0$,从而 $y'=-\frac{4x}{y}$. 又 $4+y'^2+yy''=0$,得 $y''=-\frac{4+y'^2}{y}$. $y'(0)=-\frac{4x}{y}\Big|_{(0,2)}=0$. 所以 $K=\frac{|y''|}{(1+y'^2)^{\frac{3}{2}}}\Big|_{(0,2)}=2$.

2. 求曲线 $y=x^2-4x+3$ 在其顶点处的曲率和曲率半径.

解　因为抛物线在顶点处有水平切线,所以令 $y'=2x-4=0$,得 $x_0=2$,则有 $y_0=-1$,而 $y''=2$,从而 $K=\frac{2}{(1+0^2)^{\frac{3}{2}}}=2$,于是有 $\rho=\frac{1}{K}=\frac{1}{2}$.

3. 求曲线 $x=a\cos^3 t, y=a\sin t$ 在 $t=t_0$ 处的曲率.

解　由参数方程的求导公式有

$$\frac{dy}{dx}=\frac{y'_t}{x'_t}=\frac{3a\sin^2 t\cos t}{-3a\cos^2 t\sin t}=-\tan t$$

$$\frac{d^2y}{dx^2}=\frac{d}{dt}\left(\frac{dy}{dx}\right)\Big/\frac{dx}{dt}=\frac{\frac{d}{dt}(-\tan t)}{-3a\cos^2 t\sin t}=\frac{-\sec^2 t}{-3a\cos^2 t\sin t}=\frac{1}{3a\cos^4 t\sin t}$$

从而

$$K=\frac{1}{|3a\sin t\cos^4 t|(1+\tan^2 t)^{\frac{3}{2}}}=\frac{1}{3|a\sin t\cos t|}=\frac{2}{3|a\sin 2t|}$$

$$K(t_0)=\frac{2}{3|a\sin 2t_0|}$$

4. 曲线 $y=\ln x$ 上哪一点处的曲率半径最小？求出该点处的曲率半径.

解　由题设可得 $y'=\frac{1}{x}$，$y''=-\frac{1}{x^2}(x>0)$，因此 $y=\ln x$ 上任一点 (x,y) 处的曲率为

$$K=\frac{\left|-\frac{1}{x^2}\right|}{\left[1+\left(\frac{1}{x}\right)^2\right]^{\frac{3}{2}}}=\frac{x}{(1+x^2)^{\frac{3}{2}}}$$

从而

$$K'_x=\frac{(1+x^2)^{\frac{3}{2}}-x\left[\frac{3}{2}(1+x^2)^{\frac{1}{2}}\cdot 2x\right]}{(1+x^2)^3}=\frac{1-2x^2}{(1+x^2)^{\frac{5}{2}}}$$

令 $K'_x=0$ 得 $x=\frac{\sqrt{2}}{2}$ 或 $x=-\frac{\sqrt{2}}{2}$（舍去），即在 $(0,+\infty)$ 内只有唯一驻点 $x=\frac{\sqrt{2}}{2}$，此时 $y=-\frac{\ln 2}{2}$. 由问题实际意义可知，存在 $y=\ln x$ 上最大曲率的点，所以点 $\left(\frac{\sqrt{2}}{2},-\frac{\ln 2}{2}\right)$ 是 $y=\ln x$ 上曲率半径最小的点，且该点处的曲率半径为 $\rho=\left.\frac{(1+x^2)^{\frac{3}{2}}}{x}\right|_{x=\frac{\sqrt{2}}{2}}=\frac{3}{2}\sqrt{3}$.

习题 3.8 解答

1. 求下列函数在给定区间上的最大值和最小值.

(1) $f(x)=x^4-2x^2+5, x\in[-2,2]$;

(2) $f(x)=\frac{x^2}{1+x}, x\in\left[-\frac{1}{2},1\right]$;

(3) $f(x)=2x^2-\ln x, x\in\left[\frac{1}{3},3\right]$.

解　(1) $f'(x)=4x^3-4x$. 令 $f'(x)=0$，得驻点 $x_1=0$，$x_2=-1$，$x_3=1$，而 $f(0)=5$，$f(-1)=4$，$f(1)=4$，$f(-2)=13$，$f(2)=13$，比较可得函数 $f(x)$ 在 $[-2,2]$ 上的最大值为 $f(\pm 2)=13$，最小值为 $f(\pm 1)=4$.

(2) $f'(x)=\frac{2x(1+x)-x^2}{(1+x)^2}=\frac{2x+x^2}{(1+x)^2}$. 令 $f'(x)=0$，得驻点 $x_1=0$，$x_2=-2$（舍去），

而$f(0)=0, f(-\frac{1}{2})=\frac{1}{2}, f(1)=\frac{1}{2}$，比较可得函数$f(x)$在$[-\frac{1}{2},1]$上的最大值为$f(1)=f(-\frac{1}{2})=\frac{1}{2}$,最小值为$f(0)=0$.

(3)$f'(x)=4x-\frac{1}{x}$. 令$f'(x)=0$,得驻点$x_1=\frac{1}{2}, x_2=-\frac{1}{2}$(舍去),而$f(\frac{1}{2})=\frac{1}{2}+\ln 2$, $f(\frac{1}{3})=\frac{2}{9}+\ln 3, f(3)=18-\ln 3$，比较可得函数$f(x)$在$[\frac{1}{3},3]$上的最大值为$f(3)=18-\ln 3$,最小值为$f(\frac{1}{3})=\frac{2}{9}+\ln 3$.

2. 将一个边长为48 cm的正方形铁皮四角各截去相同的小正方形,把四边折起来做成一个无盖的盒子,问截去的小正方形边长为多少时,盒子的容积最大?

解　设截去的小正方形边长为x cm,则折成盒子的容积为

$$V=(48-2x)^2x,\quad 0<x<24$$

$$V'=(48-2x)(48-6x)$$

令$V'=0$,得驻点$x_1=24, x_2=8$,且$V(24)=0, V(8)=8\ 192$.

由实际意义知,当截去边长为8 cm时,盒子的容积最大.

3. 要做一个带盖的长方形盒子,其容积为72 dm^3,其底边之比为1∶2,问此盒子各边长为多少时,所用材料最省(表面积最小)?

解　设盒子的长、宽、高分别为$2x$ cm,x cm,$\frac{72}{2x^2}$ cm,则盒子的表面积为

$$S=2(2x^2+\frac{72}{x}+\frac{72}{2x})=4x^2+\frac{216}{x},\quad x>0$$

$$S'=8x-\frac{216}{x^2}$$

令$S'=0$,得驻点$x=3$，由实际意义知,当长、宽、高分别为6 cm,3 cm,4 cm时,用料最省.

4. 求一个内接于半圆的矩形的边长,使该矩形的周长为最大(已知圆的半径为R).

解　设内接矩形的长为x,则矩形的宽为$\sqrt{R^2-\frac{x^2}{4}}$,从而矩形的周长为

$$L=2x+2\sqrt{R^2-\frac{x^2}{4}},\quad 0<x<R$$

$$L'=2-\frac{x}{2\sqrt{R^2-\frac{x^2}{4}}}$$

令$L'=0$,得驻点$x=\frac{4\sqrt{5}}{5}R$，由实际意义知,当矩形长为$\frac{4\sqrt{5}}{5}R$,宽为$\frac{\sqrt{5}}{5}R$时,周长最长.

5. 求点(0,1)到曲线$x^2-y^2=1$的最短距离.

解　设点(0,1)到曲线$x^2-y^2=1$上任一点(x,y)处的距离为h,则

$$h=\sqrt{(x-0)^2+(y-1)^2}=\sqrt{1+y^2+(y-1)^2}=\sqrt{2y^2-2y+2}$$

$$h'=\frac{4y-2}{2\sqrt{2y^2-2y+2}}$$

令 $h'=0$,得驻点 $y=\frac{1}{2}$,且 $h(\frac{1}{2})=\frac{\sqrt{6}}{2}$,由实际意义知,最短距离为$\frac{\sqrt{6}}{2}$.

3.4　验收测试题

1. 填空题.

(1) 若函数 $y=x^2+kx+1$ 在点 $x=-1$ 处取得极小值,则 $k=$________.

(2) 函数 $f(x)=3-x-x^3$ 在 $[1,3]$ 的最大值为________.

(3) 函数 $f(x)=x-\ln(1+x)$ 在________区间内单调减少.

(4) 设 $y=\arcsin x+\arccos x$,则在 $(-1,1)$ 内有 $y'=$________.

(5) 在 (a,b) 内, $f'(x)>0$ 是 $f(x)$ 在 (a,b) 内单调增加的________条件.

(6) 函数 $f(x)=x^3+12x+1$ 在定义域内单调________.

(7) 方程 $x^3-3x+1=0$ 在 $(0,1)$ 内有________个实根.

(8) 极限 $\lim\limits_{x\to1}\frac{\sin(x^2-1)}{x-1}=$________.

(9) 曲线 $y=\ln(1+x^2)$ 在区间________是凹的.

(10) 曲线 $y=\mathrm{e}^{-\frac{1}{x}}$ 的水平渐近线是________.

2. 选择题.

(1) 在区间 $[-1,1]$ 上满足拉格朗日中值定理条件的函数是(　　).

A. $\sqrt[5]{x^4}$　　B. $y=\ln(1+x^2)$　　C. $y=\frac{\cos x}{x}$　　D. $y=\frac{1}{1-x^2}$

(2) 函数 $f(x)=x-\frac{3}{2}x^{\frac{1}{3}}$ 在下列区间上不满足拉格朗日中值定理的是(　　).

A. $[0,1]$　　B. $[-1,1]$　　C. $[0,\frac{27}{8}]$　　D. $[-1,0]$

(3) 下列极限能直接使用洛必达法则的是(　　).

A. $\lim\limits_{x\to\infty}\frac{\sin x}{x}$　　B. $\lim\limits_{x\to0}\frac{\sin x}{x}$

C. $\lim\limits_{x\to\frac{\pi}{2}}\frac{\tan 5x}{\sin 3x}$　　D. $\lim\limits_{x\to0}\frac{x^2\sin\frac{1}{x}}{\sin x}$

(4) 函数 $f(x)=\mathrm{e}^x+\mathrm{e}^{-x}$ 在区间 $(-1,1)$ 内(　　).

A. 单调增加　　B. 单调减少　　C. 不增不减　　D. 有增有减

(5) 若函数 $f(x)=ax^2+b$ 在区间 $(0,+\infty)$ 内单调增加,则 a,b 应满足(　　).

A. $a<0,b=0$　　B. $a>0$,b 为任意实数

C. $a<0,b\neq0$　　D. $a<0$,b 为任意实数

(6) 函数 $y=f(x)$ 在 $x=x_0$ 处取得极大值,则必有(　　).

A. $f'(x_0)=0$　　B. $f''(x_0)<0$

C. $f'(x_0)=0$ 且 $f''(x_0)<0$　　D. $f'(x_0)=0$ 或 $f'(x_0)$ 不存在

(7) 设 $f(x)=(x-1)(2x+1)$,$x\in(-\infty,\infty)$,则在 $(-\frac{1}{2},\frac{1}{4})$ 内(　　).

A. $f(x)$ 单调增加,图形是凹的　　B. $f(x)$ 单调减少,图形是凹的

C. $f(x)$ 单调增加,图形是凸的　　D. $f(x)$ 单调减少,图形是凸的

(8) $f'(x_0)=0$,$f''(x_0)>0$ 是函数 $y=f(x)$ 在点 $x=x_0$ 取得极小值的一个(　　).

A. 充分必要条件　　B. 充分非必要条件

C. 必要非充分条件　　D. 既非必要也非充分条件

(9) 函数 $y=x^3+12x+1$ 在定义域内(　　).

A. 单调增加　　B. 单调减少　　C. 图形上凸　　D. 图形上凹

(10) $f''(x_0)=0$ 是 $y=f(x)$ 的图形在 $x=x_0$ 处有拐点的(　　).

A. 充分必要条件　　B. 充分非必要条件

C. 必要非充分条件　　D. 既非必要也非充分条件

3.5　验收测试题答案

1. 填空题.

(1) 2;　(2) 1;　(3) $(-1,0]$;　(4) 0;　(5) 充分;

(6) 增加;　(7) 1;　(8) 2;　(9) $[-1,1]$;　(10) $y=1$.

2. 选择题.

(1) B;　(2) B;　(3) B;　(4) D;　(5) B;

(6) D;　(7) B;　(8) B;　(9) A;　(10) D.

3.6　课外阅读

拉格朗日生平

拉格朗日(1736—1813),法国数学家、物理学家,他在数学、力学和天文学三个学科领域中都有历史性的贡献,其中以数学方面的成就最为突出.

拉格朗日的父亲是法国陆军骑兵里的一名军官,后由于经商破产,家道中落. 据拉格朗日本人回忆,父亲一心想把他培养成一名律师,但拉格朗日个人却对法律毫无兴趣. 17岁时,他读了英国天文学家哈雷撰写的介绍牛顿微积分成就的短文《论分析方法的优点》后,感觉到"分析才是自己最热爱的学科",从此他迷上了数学分析,开始专攻当时迅速发展的数学分析.

18岁时,拉格朗日用意大利语写了第一篇论文,是用牛顿二项式定理处理两函数乘积的高阶微商,他又将论文用拉丁语写出寄给了当时在柏林科学院任职的数学家欧拉. 不

久后，他获知这一成果早在半个世纪前就被莱布尼茨取得了，但这个消息非但没使拉格朗日灰心，反而更坚定了他投身数学分析领域的信心.

1755 年拉格朗日 19 岁时，在探讨数学难题"等周问题" 的过程中，他以欧拉的思路和结果为依据，用纯分析的方法求变分极值. 他的第一篇论文《极大和极小的方法研究》发展了欧拉所开创的变分法，为变分法奠定了理论基础. 在变分法上的贡献使拉格朗日在都灵名声大震，并使他在 19 岁时就当上了都灵皇家炮兵学校的教授，成为当时欧洲公认的一流数学家. 1756 年，受欧拉的举荐，拉格朗日被任命为普鲁士科学院通信院士.

1764 年，法国科学院悬赏征文，要求用万有引力解释月球天平动问题，拉格朗日的研究获奖. 接着他又成功地运用微分方程理论和近似解法研究了科学院提出的一个复杂的六体问题（木星的四个卫星的运动问题），并于 1766 年再次获奖.

1766 年，德国的腓特烈大帝向拉格朗日发出邀请时说："在'欧洲最大的王' 的宫廷中应有'欧洲最大的数学家'." 于是他应邀前往柏林，任普鲁士科学院数学部主任，并在柏林居住达 20 年之久，开始了他一生科学研究的鼎盛时期. 在此期间，他完成了《分析力学》一书，这是一部重要的经典力学著作. 书中运用变分原理和分析的方法，建立起完整和谐的力学体系，使力学分析化，拉格朗日在序言中称："力学已经成为分析的一个分支."

1783 年，拉格朗日的故乡建立了"都灵科学院"，他被任命为名誉院长. 1786 年，腓特烈大帝去世以后，拉格朗日接受了路易十六的邀请，离开柏林，定居巴黎，直至去世. 这期间他参加了巴黎科学院成立的研究法国度量衡统一问题的委员会，并出任法国米制委员会主任. 1799 年，法国完成统一度量衡工作，制定了被世界公认的长度、面积、体积、质量的单位，拉格朗日为此付出了巨大的努力.

1791 年，拉格朗日被选为英国皇家学会会员，又先后在巴黎高等师范学院和巴黎综合工科学校任数学教授. 1795 年，建立了法国最高学术机构法兰西研究院后，拉格朗日被选为科学院数理委员会主席. 此后，他才重新进行研究工作，并发表了多部著作，包括《论任意阶数值方程的解法》《解析函数论》和《函数计算讲义》等，总结了那一时期的特别是他自己的一系列研究工作.

1813 年 4 月 3 日，拿破仑授予拉格朗日帝国大十字勋章，但此时的拉格朗日已卧床不起，4 月 11 日早晨，拉格朗日逝世.

拉格朗日科学研究所涉及的领域极其广泛，他在数学上最突出的贡献是使数学分析与几何和力学脱离开来，使数学的独立性更为清楚，从此数学不再仅仅是其他学科的工具.

拉格朗日总结了 18 世纪的数学成果，同时又为 19 世纪的数学研究开辟了道路，堪称法国杰出的数学大师. 同时，他的关于月球运动（三体问题）、行星运动、轨道计算、两个不动中心问题、流体力学等方面的成果，在使天文学力学化、力学分析化上，也起到了历史性的作用，促进了力学和天体力学的进一步发展.

在柏林工作的前十年，拉格朗日把大量时间花在研究代数方程和超越方程的解法上，推动了代数学的发展. 他提交给柏林科学院两篇著名的论文 ——《关于解数值方程》和《关于方程的代数解法的研究》，把前人解三次、四次代数方程的各种解法总结为一套标准方法，即把方程化为低一次的方程（称辅助方程或预解式）以求解. 他计划寻找五次方程的预解函数，希望这个函数是低于五次的方程的解，但未获得成功. 然而，他的思想对后来的阿贝尔和伽罗华起到启发性作用，使得他们最终证明了高于四次的一般方程为何不能用代数方法求解.

在数论方面，拉格朗日也显示出非凡的才能. 他对费马提出的许多问题做出了解答，如一个正整数是不多于 4 个平方数的和的问题，他还证明了圆周率的无理性，这些研究成果丰富了数论的内容. 拉格朗日在《解析函数论》以及他早在 1772 年发表的一篇论文中，企图把微分运算归结为代数运算，从而抛弃自牛顿以来一直令人困惑的无穷小量，并想由此出发建立全部分析学. 但是由于他没有考虑到无穷级数的收敛性问题，以为摆脱了极限概念，其实只是回避了极限概念，并没有达到使微积分代数化、严密化的目的. 不过，他用幂级数表示函数的处理方法对分析学的发展产生了影响，成为实变函数论的起点.

拉格朗日也是分析力学的创立者，其名著《分析力学》在总结历史上各种力学基本原理的基础上，发展了达朗贝尔、欧拉等人的研究成果，引入了势和等势面的概念，进一步把数学分析应用于质点和刚体力学，提出了运用于静力学和动力学的普遍方程，引进广义坐标的概念，建立了拉格朗日方程，把力学体系的运动方程从以力为基本概念的牛顿形式，变为以能量为基本概念的分析力学形式，奠定了分析力学的基础，为把力学理论推广应用到物理学其他领域开辟了道路.

拉格朗日还给出了刚体在重力作用下，绕旋转对称轴上的定点转动（拉格朗日陀螺）的欧拉动力学方程的解，对三体问题的求解方法有重要贡献，解决了限制性三体运动的定型问题；拉格朗日对流体运动的理论也有重要贡献，提出了描述流体运动的拉格朗日方法.

拉格朗日的研究工作中，约有一半同天体力学有关. 他用自己在分析力学中的原理和公式，建立起各类天体的运动方程，在天体运动方程的解法中，拉格朗日发现了三体问题运动方程的五个特解，即拉格朗日平动解. 此外，他还研究了彗星和小行星的摄动问题，提出了彗星起源假说等.

近百余年来，数学领域的许多新成就都可以直接或间接地溯源于拉格朗日的工作，所以，他在数学史上被认为是对分析数学的发展产生全面影响的数学家之一，是欧洲伟大的数学家.

第 4 章

不定积分

4.1 内容提要

1. 原函数与不定积分

(1) 原函数的概念.

设$f(x)$是定义在区间I上的函数,如果存在可导函数$F(x)$,使得对于任意$x \in I$,都有$F'(x)=f(x)$或$dF(x)=f(x)dx$,则称函数$F(x)$为函数$f(x)$在区间I上的一个原函数.

(2) 不定积分的概念.

在区间I上的函数$f(x)$的所有原函数$F(x)+C$称为函数$f(x)$在区间I上的不定积分,记作$\int f(x)dx$.

2. 不定积分的性质

性质1 $\int [f(x) \pm g(x)]dx = \int f(x)dx \pm \int g(x)dx$.

性质2 $\int kf(x)dx = k\int f(x)dx$($k$为非零常数).

性质3 $\frac{d}{dx}[\int f(x)dx] = f(x)$ 或 $d[\int f(x)dx] = f(x)dx$.

性质4 $\int f'(x)dx = F(x)+C$ 或$\int dF(x) = F(x)+C$.

3. 第一类换元法(凑微分法)

定理1 设$f(u)$是u的连续函数,且$\int f(u)du = F(u)+C$,设$u=\varphi(x)$有连续的导数$\varphi'(x)$,则

$$\int f[\varphi(x)]\varphi'(x)dx = F[\varphi(x)]+C$$

4. 第二类换元法

定理2 设函数$x=\varphi(t)$为单调、可导函数,且$\varphi'(t)\neq 0$,设$f[\varphi(t)]\varphi'(t)$具有原函数$F(t)$,则有$\int f(x)dx = \{\int f[\varphi(t)]\varphi'(t)dt\}_{t=\varphi^{-1}(x)} = [F(t)+C]_{t=\varphi^{-1}(x)}$,其中$\varphi^{-1}(x)$是$x=\varphi(t)$的反函数.

5. 分部积分法

$$\int u\mathrm{d}v = uv - \int v\mathrm{d}u$$

4.2　典型题精解

例 1　若$\ln|x|$是函数$f(x)$的原函数,那么$f(x)$的另一个原函数是(　　).

A. $\ln|ax|$　　B. $\frac{1}{a}\ln|ax|$　　C. $\ln|x+a|$　　D. $\frac{1}{2}(\ln x)^2$

解　因为函数$f(x)$的所有原函数只相差一个常数,故$\ln|ax|=\ln|a|+\ln|x|$为所求.因此答案为 A.

例 2　计算$\int x(x-1)^{100}\mathrm{d}x$.

解　$\int x(x-1)^{100}\mathrm{d}x \xlongequal{x-1=t} \int(t+1)t^{100}\mathrm{d}t = \int(t^{101}+t^{100})\mathrm{d}t =$

$$\frac{t^{102}}{102}+\frac{t^{101}}{101}+C=\frac{(x-1)^{102}}{102}+\frac{(x-1)^{101}}{101}+C.$$

例 3　计算$\int\frac{\mathrm{d}x}{\sqrt{(x^2+1)^3}}$.

解　$\int\frac{\mathrm{d}x}{\sqrt{(x^2+1)^3}} \xlongequal{x=\tan t} \int\cos t\mathrm{d}t=\sin t+C=\frac{x}{\sqrt{1+x^2}}+C.$

例 4　计算$\int \mathrm{e}^{2x}(\tan x+1)^2\mathrm{d}x$.

解　$\int \mathrm{e}^{2x}(\tan x+1)^2\mathrm{d}x=\int\mathrm{e}^{2x}\sec^2 x\mathrm{d}x+2\int\mathrm{e}^{2x}\tan x\mathrm{d}x=$

$$\mathrm{e}^{2x}\tan x-2\int\mathrm{e}^{2x}\tan x\mathrm{d}x+2\int\mathrm{e}^{2x}\tan x\mathrm{d}x=$$

$$\mathrm{e}^{2x}\tan x+C.$$

例 5　计算$\int\frac{1}{\sqrt{x}+\sqrt[4]{x}}\mathrm{d}x$.

解　$\int\frac{1}{\sqrt{x}+\sqrt[4]{x}}\mathrm{d}x \xlongequal{\sqrt[4]{x}=t} \int\frac{1}{t^2+t}\cdot 4t^3\mathrm{d}t=4\int(t-1+\frac{1}{t+1})\mathrm{d}t=$

$$2t^2-4t+4\ln|t+1|+C=$$

$$2\sqrt{x}-4\sqrt[4]{x}+4\ln(\sqrt[4]{x}+1)+C.$$

例 6　计算$\int\frac{1}{x^2(1+x^2)}\mathrm{d}x$.

解　$\int\frac{1}{x^2(1+x^2)}\mathrm{d}x=\int(\frac{1}{x^2}-\frac{1}{1+x^2})\mathrm{d}x=\int\frac{1}{x^2}\mathrm{d}x-\int\frac{1}{1+x^2}\mathrm{d}x=-\frac{1}{x}-\arctan x+C.$

例 7　计算$\int\frac{2+\sin^2 x}{\cos^2 x}\mathrm{d}x$.

解　$\int \frac{2+\sin^2 x}{\cos^2 x}dx = \int \frac{3-\cos^2 x}{\cos^2 x}dx = \int \frac{3}{\cos^2 x}dx - \int dx = 3\tan x - x + C.$

例8　计算$\int \frac{x^2}{\sqrt{a^2-x^2}}dx(a>0)$.

解　令$x = a\sin t, t \in \left(-\frac{\pi}{2}, \frac{\pi}{2}\right)$，$dx = a\cos t dt$，则

$$\int \frac{x^2}{\sqrt{a^2-x^2}}dx = \int \frac{a^2\sin^2 t}{\sqrt{a^2-a^2\sin^2 t}}a\cos t dt = a^2\int \sin^2 t dt = a^2\int \frac{1-\cos 2t}{2}dt =$$

$$\frac{a^2}{2}\int(1-\cos 2t)dt = \frac{a^2}{2}t - \frac{a^2}{4}\sin 2t + C =$$

$$-\frac{x}{2}\sqrt{a^2-x^2} + \frac{a^2}{2}\arcsin\frac{x}{a} + C$$

例9　计算$\int x\cos 2x dx$.

解　$\int x\cos 2x dx = \frac{1}{2}\int x d\sin 2x = \frac{1}{2}\left(x\sin 2x - \int \sin 2x dx\right) =$

$$\frac{1}{2}x\sin 2x - \frac{1}{4}\int \sin 2x d2x = \frac{1}{2}x\sin 2x + \frac{1}{4}\cos 2x + C.$$

例10　计算$\int x\tan^2 x dx$.

解　$\int x\tan^2 x dx = \int x(\sec^2 x - 1)dx = \int x\sec^2 x dx - \int x dx =$

$$\int x d\tan x - \frac{1}{2}x^2 =$$

$$x\tan x - \int \tan x dx - \frac{1}{2}x^2 =$$

$$x\tan x + \ln|\cos x| - \frac{1}{2}x^2 + C.$$

4.3　同步题解析

习题4.1解答

1. 利用不定积分的性质填空.

(1) $\frac{d}{dx}\int f(x)dx =$ ________；　　(2) $\int f'(x)dx =$ ________；

(3) $d\int f(x)dx =$ ________；　　(4) $\int df(x) =$ ________.

解　(1) $f(x)$；(2) $f(x)+C$；(3) $f(x)dx$；(4) $f(x)+C$.

2. 填空.

(1) $\int \sin x dx =$ ________；　　(2) $\int(-4)x^{-3}dx =$ ________；

(3) $\int \sqrt{x}\,\mathrm{d}x =$ ________；　　(4) $\int 3^x\,\mathrm{d}x =$ ________.

解　(1) $-\cos x + C$；(2) $2x^{-2} + C$；(3) $\frac{2}{3}x^{\frac{3}{2}} + C$；(4) $\frac{3^x}{\ln 3} + C$.

3. 一曲线通过点(e^2,3)，且在任一点处的切线的斜率等于该点横坐标的倒数，求该曲线方程.

解　设该曲线函数为$f(x)$，则有

$$\frac{\mathrm{d}f(x)}{\mathrm{d}x} = \frac{1}{x}$$

对上式两边积分，得 $f(x) = \ln|x| + C$(C 为任意常数). 而曲线通过点(e^2,3)，从而 $\ln \mathrm{e}^2 + C = 3$，于是 $C = 1$. 故曲线函数为 $y = \ln|x| + 1$.

4. 计算下列不定积分.

(1) $\int (x^3 + 3x^2 + 1)\,\mathrm{d}x$；　　(2) $\int x^2\sqrt{x}\,\mathrm{d}x$；

(3) $\int \frac{x^2 + \sqrt{x^3} + 3}{\sqrt{x}}\mathrm{d}x$；　　(4) $\int \sqrt[3]{x}(x^2 - 5)\,\mathrm{d}x$；

(5) $\int \frac{3^x + 2^x}{3^x}\mathrm{d}x$；　　(6) $\int (\mathrm{e}^x - 3\cos x)\,\mathrm{d}x$；

(7) $\int (10^x + \cot^2 x)\,\mathrm{d}x$；　　(8) $\int \sec x(\sec x - \tan x)\,\mathrm{d}x$；

(9) $\int \mathrm{e}^{x-3}\,\mathrm{d}x$；　　(10) $\int 10^x \cdot 2^{3x}\,\mathrm{d}x$；

(11) $\int \frac{1 + x + x^2}{x(1 + x^2)}\mathrm{d}x$；　　(12) $\int \frac{\cos 2x}{\cos x + \sin x}\mathrm{d}x$；

(13) $\int \frac{(x - 1)^2}{x^2}\mathrm{d}x$；　　(14) $\int \frac{x^4}{x^2 - 1}\mathrm{d}x$.

解　(1) $\int (x^3 + 3x^2 + 1)\,\mathrm{d}x = \frac{x^4}{4} + x^3 + x + C$；

(2) $\int x^2\sqrt{x}\,\mathrm{d}x = \int x^{\frac{5}{2}}\,\mathrm{d}x = \frac{2}{7}x^{\frac{7}{2}} + C$；

(3) $\int \frac{x^2 + \sqrt{x^3} + 3}{\sqrt{x}}\mathrm{d}x = \int (x^{\frac{3}{2}} + x + 3x^{-\frac{1}{2}})\,\mathrm{d}x = \frac{2}{5}x^{\frac{5}{2}} + \frac{x^2}{2} + 6x^{\frac{1}{2}} + C$；

(4) $\int \sqrt[3]{x}(x^2 - 5)\,\mathrm{d}x = \int (x^{\frac{7}{3}} - 5x^{\frac{1}{3}})\,\mathrm{d}x = \frac{3}{10}x^{\frac{10}{3}} - \frac{15}{4}x^{\frac{4}{3}} + C$；

(5) $\int \frac{3^x + 2^x}{3^x}\mathrm{d}x = \int [1 + (\frac{2}{3})^x]\,\mathrm{d}x = x + \frac{(\frac{2}{3})^x}{\ln 2 - \ln 3} + C$；

(6) $\int (\mathrm{e}^x - 3\cos x)\,\mathrm{d}x = \mathrm{e}^x - 3\sin x + C$；

(7) $\int (10^x + \cot^2 x)\,\mathrm{d}x = \int (10^x + \csc^2 x - 1)\,\mathrm{d}x = \frac{10^x}{\ln 10} - \cot x - x + C$；

(8) $\int \sec x(\sec x - \tan x)\mathrm{d}x = \int (\sec^2 x - \sec x\tan x)\mathrm{d}x = \tan x - \sec x + C$;

(9) $\int \mathrm{e}^{x-3}\mathrm{d}x = \int \mathrm{e}^{x-3}\mathrm{d}(x-3) = \mathrm{e}^{x-3} + C$;

(10) $\int 10^x \cdot 2^{3x}\mathrm{d}x = \int 80^x \mathrm{d}x = \dfrac{80^x}{\ln 80} + C$;

(11) $\int \dfrac{1+x+x^2}{x(1+x^2)}\mathrm{d}x = \int [\dfrac{1}{x(1+x^2)} + \dfrac{1}{1+x^2} + \dfrac{x}{1+x^2}]\mathrm{d}x =$

$$\int (\frac{1}{x} - \frac{x}{1+x^2} + \frac{1}{1+x^2} + \frac{x}{1+x^2})\mathrm{d}x =$$

$$\ln|x| + \arctan x + C;$$

(12) $\int \dfrac{\cos 2x}{\cos x + \sin x}\mathrm{d}x = \int \dfrac{(\cos x + \sin x)(\cos x - \sin x)}{\cos x + \sin x}\mathrm{d}x = \sin x + \cos x + C$;

(13) $\int \dfrac{(x-1)^2}{x^2}\mathrm{d}x = \int (1 - \dfrac{2}{x} + \dfrac{1}{x^2})\mathrm{d}x = x - 2\ln|x| - \dfrac{1}{x} + C$;

(14) $\int \dfrac{x^4}{x^2-1}\mathrm{d}x = \int \dfrac{x^4 - 1 + 1}{x^2 - 1}\mathrm{d}x = \int (x^2 + 1 + \dfrac{1}{x^2-1})\mathrm{d}x =$

$$\frac{x^3}{3} + x + \frac{1}{2}(\int \frac{1}{x-1}\mathrm{d}x - \int \frac{1}{x+1}\mathrm{d}x) =$$

$$\frac{x^3}{3} + x + \frac{1}{2}\ln\left|\frac{x-1}{x+1}\right| + C.$$

5. 设 $\int xf(x)\mathrm{d}x = \arccos x + C$,求 $f(x)$.

解　对等式 $\int xf(x)\mathrm{d}x = \arccos x + C$ 两边求导,得

$$xf(x) = -\frac{1}{\sqrt{1-x^2}}$$

于是有

$$f(x) = -\frac{1}{x\sqrt{1-x^2}}$$

6. 设物体以速度 $v = 2\cos t$ 做直线运动,开始时质点的位移为 s_0,求质点的运动方程.

解　设质点的运动位移为 s,则有 $\dfrac{\mathrm{d}s}{\mathrm{d}t} = v = 2\cos t$,对上式两边求积分,得 $s = 2\sin t + C$,当 $t = 0$ 时,$s = C$. 而当 $t = 0$ 时,有 $s = s_0$,从而 $C = s_0$. 于是质点的运动方程为 $s = 2\sin t + s_0$.

习题 4.2 解答

1. 选择题.

(1) 下列凑微分正确的是(　　).

A. $\ln x\mathrm{d}x = \mathrm{d}(\dfrac{1}{x})$　　　　B. $\dfrac{1}{\sqrt{1-x^2}}\mathrm{d}x = \mathrm{d}\sin x$

C. $\frac{1}{x^2}\mathrm{d}x=\mathrm{d}(-\frac{1}{x})$　　D. $\sqrt{x}\,\mathrm{d}x=\mathrm{d}\sqrt{x}$

(2) 若$\int f(x)\mathrm{d}x=F(x)+C$,则$\int \mathrm{e}^{-x}f(\mathrm{e}^{-x})\mathrm{d}x=$(　　).

A. $F(\mathrm{e}^{x})+C$　　B. $F(\mathrm{e}^{-x})+C$

C. $-F(\mathrm{e}^{x})+C$　　D. $\frac{F(\mathrm{e}^{-x})}{x}+C$

(3) 下列等式成立的是(　　).

A. $2x\mathrm{e}^{x^2}\mathrm{d}x=\mathrm{d}\mathrm{e}^{x^2}$　　B. $\frac{1}{x+1}\mathrm{d}x=\mathrm{d}(\ln x)+1$

C. $\arctan x\mathrm{d}x=\mathrm{d}\frac{1}{1+x^2}$　　D. $\cos 2x\mathrm{d}x=\mathrm{d}\sin 2x$

解　(1)C; (2)C; (3)A.

2. 计算下列不定积分.

(1) $\int \mathrm{e}^{5x+1}\mathrm{d}x$;　　(2) $\int \frac{1}{(1+2x)^2}\mathrm{d}x$;

(3) $\int \frac{x}{\sqrt{x^2+4}}\mathrm{d}x$;　　(4) $\int \sqrt[3]{1-2x}\,\mathrm{d}x$;

(5) $\int \frac{\ln^4 x}{x}\mathrm{d}x$;　　(6) $\int \frac{x}{x^2+5}\mathrm{d}x$;

(7) $\int \frac{\mathrm{e}^{\frac{1}{x}}}{x^2}\mathrm{d}x$;　　(8) $\int \frac{\mathrm{d}x}{36+x^2}$;

(9) $\int \frac{\mathrm{d}x}{\sqrt{4-9x^2}}$;　　(10) $\int \frac{3x^2-2}{x^3-2x+1}\mathrm{d}x$;

(11) $\int \frac{\cos x}{\sqrt{\sin x}}\mathrm{d}x$;　　(12) $\int \mathrm{e}^{\cos x}\sin x\mathrm{d}x$.

解　(1) $\int \mathrm{e}^{5x+1}\mathrm{d}x=\frac{1}{5}\int \mathrm{e}^{5x+1}\mathrm{d}(5x+1)=\frac{1}{5}\mathrm{e}^{5x+1}+C$;

(2) $\int \frac{1}{(1+2x)^2}\mathrm{d}x=\frac{1}{2}\int \frac{1}{(1+2x)^2}\mathrm{d}(1+2x)=-\frac{1}{2(1+2x)}+C$;

(3) $\int \frac{x}{\sqrt{x^2+4}}\mathrm{d}x=\frac{1}{2}\int \frac{1}{\sqrt{x^2+4}}\mathrm{d}(x^2+4)=\sqrt{x^2+4}+C$;

(4) $\int \sqrt[3]{1-2x}\,\mathrm{d}x=-\frac{1}{2}\int \sqrt[3]{1-2x}\,\mathrm{d}(1-2x)=-\frac{3}{8}(1-2x)^{\frac{4}{3}}+C$;

(5) $\int \frac{\ln^4 x}{x}\mathrm{d}x=\int \ln^4 x\mathrm{d}(\ln x)=\frac{\ln^5 x}{5}+C$;

(6) $\int \frac{x}{x^2+5}\mathrm{d}x=\frac{1}{2}\int \frac{\mathrm{d}(x^2+5)}{x^2+5}=\frac{1}{2}\ln(x^2+5)+C$;

(7) $\int \frac{\mathrm{e}^{\frac{1}{x}}}{x^2}\mathrm{d}x=-\int \mathrm{e}^{\frac{1}{x}}\mathrm{d}(\frac{1}{x})=-\mathrm{e}^{\frac{1}{x}}+C$;

(8) $\int \frac{dx}{36+x^2} = \int \frac{d(\frac{x}{6})}{1+(\frac{x}{6})^2} = \frac{1}{6}\arctan\frac{x}{6} + C$;

(9) $\int \frac{dx}{\sqrt{4-9x^2}} = \int \frac{d(\frac{3}{2}x)}{\sqrt{1-(\frac{3}{2}x)^2}} = \frac{1}{3}\arcsin\frac{3}{2}x + C$;

(10) $\int \frac{3x^2-2}{x^3-2x+1}dx = \int \frac{d(x^3-2x+1)}{x^3-2x+1} = \ln|x^3-2x+1| + C$;

(11) $\int \frac{\cos x}{\sqrt{\sin x}}dx = \int \frac{d(\sin x)}{\sqrt{\sin x}} = 2\sqrt{\sin x} + C$;

(12) $\int e^{\cos x}\sin x dx = -\int e^{\cos x}d(\cos x) = -e^{\cos x} + C$.

3. 求下列不定积分.

(1) $\int \frac{1}{\sqrt{x}(1+\sqrt[3]{x})}dx$;

(2) $\int \frac{x^2}{\sqrt{4-x^2}}dx$;

(3) $\int \frac{dx}{x\sqrt{x^2+4}}$;

(4) $\int \frac{\sqrt{x^2-2}}{x}dx$;

(5) $\int \frac{dx}{\sqrt{4x^2+9}}$;

(6) $\int \frac{1}{x\sqrt{1-x^2}}dx$.

解　(1) 令 $\sqrt{x} = t^3$，则 $dx = 6t^5 dt$. 于是

$$\int \frac{1}{\sqrt{x}(1+\sqrt[3]{x})}dx = \int \frac{6t^5}{t^3(1+t^2)}dt = 6\int(1-\frac{1}{1+t^2})dt =$$

$$6(t - \arctan t) + C =$$

$$6(\sqrt[6]{x} - \arctan\sqrt[6]{x}) + C$$

(2) 令 $x = 2\sin t(-\frac{\pi}{2} < t < \frac{\pi}{2})$，则 $dx = 2\cos t dt$. 于是

$$\int \frac{x^2}{\sqrt{4-x^2}}dx = \int \frac{4\sin^2 t \cdot 2\cos t}{2\cos t}dt =$$

$$2\int(1-\cos 2t)dt = 2t - \sin 2t + C =$$

$$2\arcsin\frac{x}{2} - \frac{x}{2}\sqrt{4-x^2} + C$$

(3) 令 $x = 2\tan t(-\frac{\pi}{2} < t < \frac{\pi}{2})$，则 $dx = 2\sec^2 t dt$. 于是

$$\int \frac{dx}{x\sqrt{x^2+4}} = \int \frac{2\sec^2 t}{2\tan t \cdot 2\sec t}dt = \frac{1}{2}\int \frac{1}{\sin t}dt =$$

$$\frac{1}{2}\int\frac{\mathrm{d}\left(\frac{t}{2}\right)}{\frac{\sin\frac{t}{2}\cdot\cos^2\frac{t}{2}}{\cos\frac{t}{2}}}=$$

$$\frac{1}{2}\int\frac{\mathrm{d}(\tan\frac{t}{2})}{\tan\frac{t}{2}}=\frac{1}{2}\ln\left|\tan\frac{t}{2}\right|=$$

$$\frac{1}{2}\ln\left|\frac{1-\cos t}{\sin t}\right|+C=$$

$$\frac{1}{2}\ln\left|\frac{\sqrt{x^2+4}-2}{x}\right|+C$$

(4) 令 $x=\sqrt{2}\sec t(0<t<\frac{\pi}{2})$,则 $\mathrm{d}x=\sqrt{2}\sec t\tan t\mathrm{d}t$. 于是

$$\int\frac{\sqrt{x^2-2}}{x}\mathrm{d}x=\int\frac{\sqrt{2}\tan t}{\sqrt{2}\sec t}\cdot\sqrt{2}\sec t\tan t\mathrm{d}t=$$

$$\sqrt{2}\int\tan^2t\mathrm{d}t=\sqrt{2}\int\frac{1-\cos^2t}{\cos^2t}\mathrm{d}t=$$

$$\sqrt{2}(\tan t-t)+C=\sqrt{2}(\sqrt{\frac{x^2}{2}-1}-\arccos\frac{\sqrt{2}}{x})+C=$$

$$\sqrt{x^2-2}-\sqrt{2}\arccos\frac{\sqrt{2}}{x}+C$$

(5) 令 $x=\frac{3}{2}\tan t(-\frac{\pi}{2}<t<\frac{\pi}{2})$,则 $\mathrm{d}x=\frac{3}{2}\sec^2t\mathrm{d}t$. 于是

$$\int\frac{\mathrm{d}x}{\sqrt{4x^2+9}}=\int\frac{\frac{3}{2}\sec^2t}{3\sec t}\mathrm{d}t=\frac{1}{2}\int\frac{1}{\cos t}\mathrm{d}t=$$

$$\frac{1}{2}\ln|\sec t+\tan t|+C=$$

$$\frac{1}{2}\ln\left|\frac{\sqrt{4x^2+9}+2x}{3}\right|+C$$

(6) 令 $x=\sin t(-\frac{\pi}{2}<t<\frac{\pi}{2})$,则 $\mathrm{d}x=\cos t\mathrm{d}t$. 于是

$$\int\frac{\mathrm{d}x}{x\sqrt{1-x^2}}=\int\frac{\cos t}{\sin t\cdot\cos t}\mathrm{d}t=\ln|\csc t-\cot t|+C=\ln\left|\frac{1-\sqrt{1-x^2}}{x}\right|+C$$

习题4.3解答

1. 求下列不定积分.

(1) $\int x\sin 2x\mathrm{d}x$；

(2) $\int xe^{-x}\mathrm{d}x$；

(3) $\int x\ln(x-1)\mathrm{d}x$；

(4) $\int \arcsin x\mathrm{d}x$；

(5) $\int e^{-x}\sin 2x\mathrm{d}x$；

(6) $\int x\cos^2 x\mathrm{d}x$；

(7) $\int x^2\ln x\mathrm{d}x$；

(8) $\int \ln(1+x^2)\mathrm{d}x$；

(9) $\int (x^2+2)\cos x\mathrm{d}x$；

(10) $\int (x^2+3x+1)\ln x\mathrm{d}x$；

(11) $\int x\sin x\mathrm{d}x$；

(12) $\int e^{\sqrt[3]{x}}\mathrm{d}x$.

解　(1) $\int x\sin 2x\mathrm{d}x=-\frac{1}{2}\int x\mathrm{d}(\cos 2x)=-\frac{1}{2}\left(x\cos 2x-\int\cos 2x\mathrm{d}x\right)=$

$$-\frac{1}{2}x\cos 2x+\frac{1}{4}\sin 2x+C.$$

(2) $\int xe^{-x}\mathrm{d}x=-\int x\mathrm{d}(e^{-x})=-\left(xe^{-x}-\int e^{-x}\mathrm{d}x\right)=-xe^{-x}-e^{-x}+C.$

(3) $\int x\ln(x-1)\mathrm{d}x=\frac{1}{2}\int\ln(x-1)\mathrm{d}x^2=\frac{1}{2}\left[x^2\ln(x-1)-\int\frac{x^2}{x-1}\mathrm{d}x\right]=$

$$\frac{1}{2}\left[x^2\ln(x-1)-\frac{x^2}{2}-x-\ln|x-1|\right]+C.$$

(4) $\int\arcsin x\mathrm{d}x=x\arcsin x-\int\frac{x}{\sqrt{1-x^2}}\mathrm{d}x=x\arcsin x+\sqrt{1-x^2}+C.$

(5) $\int e^{-x}\sin 2x\mathrm{d}x=-\int\sin 2x\mathrm{d}e^{-x}=-\left(e^{-x}\sin 2x-\int 2e^{-x}\cos 2x\mathrm{d}x\right)=$

$$-e^{-x}\sin 2x-2\int\cos 2x\mathrm{d}e^{-x}=$$

$$-e^{-x}\sin 2x-2\left(e^{-x}\cos 2x+2\int e^{-x}\sin 2x\mathrm{d}x\right)=$$

$$-e^{-x}\sin 2x-2e^{-x}\cos 2x-4\int e^{-x}\sin 2x\mathrm{d}x=$$

$$-\frac{1}{5}e^{-x}(\sin 2x+\cos 2x)+C.$$

(6) $\int x\cos^2 x\mathrm{d}x=\frac{1}{2}\int x(1+\cos 2x)\mathrm{d}x=\frac{1}{4}x^2+\frac{1}{2}\int x\cos 2x\mathrm{d}x=$

$$\frac{1}{4}x^2+\frac{1}{4}\int x\mathrm{d}(\sin 2x)=\frac{1}{4}x^2+\frac{1}{4}x\sin 2x-\frac{1}{4}\int\sin 2x\mathrm{d}x=$$

$$\frac{1}{4}x^2+\frac{1}{4}x\sin 2x+\frac{1}{8}\cos 2x+C.$$

(7) $\int x^2\ln x\mathrm{d}x=\frac{1}{3}\int\ln x\mathrm{d}x^3=\frac{1}{3}x^3\ln x-\frac{1}{3}\int x^2\mathrm{d}x=\frac{1}{3}x^3\ln x-\frac{1}{9}x^3+C.$

(8) $\int\ln(1+x^2)\mathrm{d}x=x\ln(1+x^2)-\int\frac{x\cdot 2x}{1+x^2}\mathrm{d}x=$

$$x\ln(1+x^2)-\int(2-\frac{2}{1+x^2})\mathrm{d}x=$$

$$x\ln(1+x^2)-2x+2\arctan x+C.$$

(9) $\int(x^2+2)\cos x\mathrm{d}x=\int(x^2+2)\mathrm{d}(\sin x)=(x^2+2)\sin x-\int\sin x\cdot 2x\mathrm{d}x=$

$$(x^2+2)\sin x-\int 2x\mathrm{d}(\cos x)=$$

$$(x^2+2)\sin x+2x\cos x-2\int\cos x\mathrm{d}x=$$

$$(x^2+2)\sin x+2x\cos x-2\sin x+C.$$

(10) $\int(x^3+3x+1)\ln x\mathrm{d}x=\int\ln x\mathrm{d}(\frac{x^3}{3}+\frac{3}{2}x^2+x)=$

$$(\frac{x^3}{3}+\frac{3}{2}x^2+x)\ln x-\int(\frac{x^2}{3}+\frac{3}{2}x+1)\mathrm{d}x=$$

$$(\frac{x^3}{3}+\frac{3}{2}x^2+x)\ln x-\frac{x^3}{9}-\frac{3}{4}x^2-x+C.$$

(11) $\int x\sin x\mathrm{d}x=-\int x\mathrm{d}\cos x=-(x\cos x-\int\cos x\mathrm{d}x)=-x\cos x+\sin x+C.$

(12) 令$\sqrt[3]{x}=t,x=t^3,\mathrm{d}x=3t^2\mathrm{d}t$,则

$\int\mathrm{e}^{\sqrt[3]{x}}\mathrm{d}x=\int 3t^2\mathrm{e}^t\mathrm{d}t=3(t^2\mathrm{e}^t-2\int t\mathrm{e}^t\mathrm{d}t)=3t^2\mathrm{e}^t-6\int t\mathrm{e}^t\mathrm{d}t=3t^2\mathrm{e}^t-6(t\mathrm{e}^t-\int\mathrm{e}^t\mathrm{d}t)=$

$$3t^2\mathrm{e}^t-6t\mathrm{e}^t+6\mathrm{e}^t+C=3\mathrm{e}^{\sqrt[3]{x}}(\sqrt[3]{x^2}-2\sqrt[3]{x}+2)+C$$

习题 4.4 解答

1. 求下列不定积分.

(1) $\int\frac{x^3}{x+3}\mathrm{d}x$;　　(2) $\int\frac{1}{x(x^2+1)}\mathrm{d}x$;

(3) $\int\frac{3}{x^3+1}\mathrm{d}x$;　　(4) $\int\frac{x+1}{(x-1)^3}\mathrm{d}x$;

(5) $\int\frac{3x+2}{x(x+1)^3}\mathrm{d}x$;　　(6) $\int\frac{x}{(x+2)(x+3)^2}\mathrm{d}x$;

(7) $\int\frac{x}{(x^2+1)(x^2+4)}\mathrm{d}x$;　　(8) $\int\frac{1}{(x^2+1)(x^2+x)}\mathrm{d}x$.

解　(1) $\int\frac{x^3}{x+3}\mathrm{d}x=\int(x^2-3x+9-\frac{27}{x+3})\mathrm{d}x=\frac{x^3}{3}-\frac{3}{2}x+9x-27\ln|x+3|+C$;

(2) 令$\frac{1}{x(x^2+1)}=\frac{A}{x}+\frac{Bx+C}{x^2+1}$,则$1=A(x^2+1)+x(Bx+C)$,比较系数得

$$A=1,\quad B=-1,\quad C=0$$

所以

$$\text{原式}=\int\left(\frac{1}{x}-\frac{x}{x^2+1}\right)\mathrm{d}x=\ln|x|-\frac{1}{2}\ln(x^2+1)+C$$

(3) 令$\frac{3}{x^3+1}=\frac{A}{x+1}+\frac{Bx+C}{x^2-x+1}$,则$3=A(x^2-x+1)+(Bx+C)(x+1)$,即

$$3=(A+B)x^2+(B+C-A)x+A+C$$

比较系数得

$$A=1,\quad B=-1,\quad C=2$$

所以

$$\text{原式}=\int\left(\frac{1}{x+1}-\frac{x-2}{x^2-x+1}\right)\mathrm{d}x=$$

$$\ln|x+1|-\frac{1}{2}\int\frac{(2x-1)-3}{x^2-x+1}\mathrm{d}x=$$

$$\ln|x+1|-\frac{1}{2}\ln(x^2-x+1)+\frac{3}{2}\int\frac{\mathrm{d}(x-\frac{1}{2})}{(x-\frac{1}{2})^2+\frac{3}{4}}=$$

$$\ln|x+1|-\frac{1}{2}\ln(x^2-x+1)+\sqrt{3}\arctan\frac{2x-1}{\sqrt{3}}+C$$

(4) 令$\frac{x+1}{(x-1)^3}=\frac{A}{x-1}+\frac{B}{(x-1)^2}+\frac{C}{(x-1)^3}$,则

$$x+1=A(x-1)^2+B(x-1)+C$$

即

$$x+1=Ax^2+(B-2A)x+A-B+C$$

比较系数得

$$A=0,\quad B=1,\quad C=2$$

所以

$$\text{原式}=\int\left[\frac{1}{(x-1)^2}+\frac{2}{(x-1)^3}\right]\mathrm{d}x=-\frac{1}{x-1}-\frac{1}{(x-1)^2}+C$$

(5) 令$\frac{3x+2}{x(x+1)^3}=\frac{A}{x}+\frac{B}{x+1}+\frac{C}{(x+1)^2}+\frac{D}{(x+1)^3}$,则

$$3x+2=A(x+1)^3+Bx(x+1)^2+Cx(x+1)+\mathrm{d}x$$

即

$$3x+2=(A+B)x^3+(3A+2B+C)x^2+(3A+B+C+D)x+A$$

比较系数得

$$A=2,\quad B=-2,\quad C=-2,\quad D=1$$

所以

$$\text{原式}=\int\left[\frac{2}{x}-\frac{2}{x+1}-\frac{2}{(x+1)^2}+\frac{1}{(x+1)^3}\right]\mathrm{d}x=$$

$$2\ln|x|-2\ln|x+1|+\frac{2}{x+1}-\frac{1}{2(x+1)^2}+C$$

(6) 令$\frac{x}{(x+2)(x+3)^2}=\frac{A}{x+2}+\frac{B}{x+3}+\frac{C}{(x+3)^2}$,则

$$x=A(x+3)^2+B(x+2)(x+3)+C(x+2)$$

即

$$x=(A+B)x^2+(6A+5B+C)x+(9A+6B+2C)$$

比较系数得

$$A=-2,\quad B=2,\quad C=3$$

所以

$$\text{原式}=\int[-\frac{2}{x+2}+\frac{2}{x+3}+\frac{3}{(x+3)^2}]\mathrm{d}x=$$

$$-2\ln|x+2|+2\ln|x+3|-\frac{3}{x+3}+C$$

(7) 令$\frac{x}{(x^2+1)(x^2+4)}=\frac{Ax+B}{x^2+1}+\frac{Cx+D}{x^2+4}$,则

$$x=(Ax+B)(x^2+4)+(Cx+D)(x^2+1)$$

即

$$x=(A+C)x^3+(B+D)x^2+(4A+C)x+4B+D$$

比较系数得

$$A=\frac{1}{3},\quad B=0,\quad C=-\frac{1}{3},\quad D=0$$

所以

$$\text{原式}=\int(\frac{\frac{1}{3}x}{x^2+1}-\frac{\frac{1}{3}x}{x^2+4})\mathrm{d}x=$$

$$\frac{1}{6}\int\frac{\mathrm{d}(x^2+1)}{x^2+1}-\frac{1}{6}\int\frac{\mathrm{d}(x^2+4)}{x^2+4}=$$

$$\frac{1}{6}\ln(\frac{x^2+1}{x^2+4})+C$$

(8) 令$\frac{1}{(x^2+1)(x^2+x)}=\frac{A}{x}+\frac{Bx+C}{x^2+1}+\frac{D}{x+1}$,则

$$1=A(x+1)(x^2+1)+(Bx+C)(x^2+x)+\mathrm{d}x(x^2+1)$$

即

$$1=(A+2B)x^3+(A+B+C)x^2+(A+C+D)x+A$$

比较系数得

$$A=1,\quad B=-\frac{1}{2},\quad C=-\frac{1}{2},\quad D=-\frac{1}{2}$$

所以

$$原式=\int\left(\frac{1}{x}-\frac{1}{2}\cdot\frac{x+1}{x^2+1}-\frac{1}{2}\cdot\frac{1}{x+1}\right)dx=$$

$$\ln|x|-\frac{1}{4}\int\frac{d(x^2+1)}{x^2+1}-\frac{1}{2}\arctan x-\frac{1}{2}\ln|x+1|=$$

$$\ln|x|-\frac{1}{4}\ln(x^2+1)-\frac{1}{2}\ln|x+1|-\frac{1}{2}\arctan x+C$$

2. 求下列不定积分.

(1) $\int\frac{dx}{3+\sin^2x}$;　　　　(2) $\int\frac{dx}{3+\cos x}$.

解　(1) 令 $u=\tan x$,则$\cos^2x=\frac{1}{1+u^2}$,$\sin^2x=\frac{u^2}{1+u^2}$,所以

$$\int\frac{dx}{3+\sin^2x}=\int\frac{1}{3+\frac{u^2}{1+u^2}}\cdot\frac{du}{1+u^2}=\int\frac{du}{3+4u^2}=\frac{1}{4}\int\frac{du}{u^2+\frac{3}{4}}=$$

$$\frac{1}{4}\times\frac{2}{\sqrt{3}}\arctan\frac{2u}{\sqrt{3}}+C=\frac{1}{2\sqrt{3}}\arctan\frac{2\tan x}{\sqrt{3}}+C$$

(2) 令 $\tan\frac{x}{2}=t$,则 $\cos x=\frac{1-t^2}{1+t^2}$,$dx=\frac{2dt}{1+t^2}$,所以

$$\int\frac{dx}{3+\cos x}=\int\frac{1}{3+\frac{1-t^2}{1+t^2}}\cdot\frac{2dt}{1+t^2}=\int\frac{2dt}{3(1+t^2)+(1-t^2)}=\int\frac{dt}{t^2-2}=$$

$$\frac{1}{\sqrt{2}}\arctan\frac{t}{\sqrt{2}}+C=\frac{1}{\sqrt{2}}\arctan\frac{\tan\frac{x}{2}}{\sqrt{2}}+C$$

3. 求不定积分$\int\sqrt{\frac{a+x}{a-x}}dx$.

解　令 $x=a\sin t\left(-\frac{\pi}{2}<t<\frac{\pi}{2}\right)$,$dx=a\cos t dt$,所以

$$\int\sqrt{\frac{a+x}{a-x}}dx=\int\frac{\sqrt{a^2-x^2}}{a-x}dx=\int\frac{a\cos t}{a-a\sin t}\cdot a\cos t dt=$$

$$a\int\frac{\left(\cos\frac{t}{2}-\sin\frac{t}{2}\right)^2\left(\cos\frac{t}{2}+\sin\frac{t}{2}\right)^2}{\left(\cos\frac{t}{2}-\sin\frac{t}{2}\right)^2}dt=$$

$$a\int(1+\sin t)dt=at-a\cos t+C=$$

$$a\arcsin\frac{x}{a}-\sqrt{a^2-x^2}+C$$

4.4　验收测试题

1. 填空题.

(1) $\int\left(\cos\frac{x}{2}-\sin\frac{x}{2}\right)^2\mathrm{d}x=$ ________.

(2) 设 $\int f(x)\mathrm{d}x=\frac{1}{6}\ln(3x^2-1)+C$，则 $f(x)=$ ________.

(3) 若 $f(x)=x+\sqrt{x}\ (x>0)$，则 $\int f'(x)\mathrm{d}x=$ ________.

(4) 已知 $\int f(x)\mathrm{d}x=\sin^2 x+c$，则 $f(x)=$ ________.

(5) $\int \mathrm{e}^{f(x)}f'(x)\mathrm{d}x=$ ________.

(6) $\int\frac{1+\cos x}{x+\sin x}\mathrm{d}x=$ ________.

(7) 若 $\int f(x)\mathrm{d}x=x^2+C$，则 $\int xf(x)\mathrm{d}x=$ ________.

(8) 不定积分 $\int\frac{1}{x^2}\cos\frac{1}{x}\mathrm{d}x=$ ________.

(9) 已知 $[\ln f(x)]'=2x-1$，则 $f(x)=$ ________.

(10) 设 $f(x)$ 可导，$f(1)=0$，$f'(\mathrm{e}^x)=3\mathrm{e}^{2x}+2$，则 $f(x)=$ ________.

(11) 设 $f(x)$ 有一个原函数 $\frac{\sin x}{x}$，则 $\int xf'(x)\mathrm{d}x=$ ________.

2. 选择题.

(1) $\int f'\left(\frac{1}{x}\right)\frac{1}{x^2}\mathrm{d}x=$ (　　).

A. $f\left(-\frac{1}{x}\right)+C$　　B. $-f\left(-\frac{1}{x}\right)+C$

C. $f\left(\frac{1}{x}\right)+C$　　D. $-f\left(\frac{1}{x}\right)+C$

(2) 已知 $f'(\cos x)=\sin x$，则 $f(\cos x)=$ (　　).

A. $-\cos x+C$　　B. $\cos x+C$

C. $\frac{1}{2}(\sin x\cos x-x)+C$　　D. $\frac{1}{2}(x-\sin x\cos x)+C$

(3) 若 $f(x)$ 的导数是 $\sin x$，则 $f(x)$ 有一个原函数为(　　).

A. $1+\sin x$　　B. $1-\sin x$　　C. $1+\cos x$　　D. $1-\cos x$

(4) 设 $f(x)$ 具有连续导数，则 $\int f'(2x)\mathrm{d}x=$ (　　).

A. $\frac{1}{2}f(2x)+C$　　B. $f(2x)+C$　　C. $2f(2x)+C$　　D. $f(x)+C$

(5) 若$\int f(x)\mathrm{d}x=\frac{1}{2}\ln(1+x^2)+C$,则$\int \frac{1}{x}f(x)\mathrm{d}x=$(　　).

A. $\frac{1}{2x}\ln(1+x^2)+C$　　B. $\operatorname{arccot} x+C$

C. $\arctan x+C$　　D. $-\frac{1}{x}+C$

(6) 若$\int f(x)\mathrm{d}x=\frac{x+1}{x-1}+C$,则$f(x)=$(　　).

A. $\frac{2}{(x-1)^2}$　　B. $-\frac{2}{(x-1)^2}$　　C. $\frac{2x}{(x-1)^2}$　　D. 1

(7) $\sin 2x$ 的原函数是(　　).

A. $2\cos 2x$　　B. $\frac{1}{2}\cos 2x$　　C. $-\cos^2 x$　　D. $\frac{1}{2}\sin x$

(8) 设$\int f'(x+1)\mathrm{d}x=x\mathrm{e}^{x+1}+C$,且$f(0)=1$,则$f(x)=$(　　).

A. $x\mathrm{e}^x+1$　　B. $(x+1)\mathrm{e}^x$　　C. $(x-1)\mathrm{e}^x+2$　　D. $x\mathrm{e}^{x+1}+1$

(9) 若$\int f(x)\mathrm{d}x=F(x)+C$,则$\int \mathrm{e}^{-x}f(\mathrm{e}^{-x})\mathrm{d}x=$(　　).

A. $F(\mathrm{e}^x)+C$　　B. $-F(\mathrm{e}^{-x})+C$

C. $F(\mathrm{e}^{-x})+C$　　D. $\frac{F(\mathrm{e}^{-x})}{x}+C$

(10) 设$\int f(x)\mathrm{d}x=x\sin x+C$,则$f(x)=$(　　).

A. $x\sin x+\cos x$　　B. $x\cos x-\sin x$

C. $\sin x-x\cos x$　　D. $\sin x+x\cos x$

4.5　验收测试题答案

1. 填空题.

(1) $x+\cos x+C$;　　(2) $\frac{x}{3x^2-1}$;　　(3) $x+\sqrt{x}+C$;

(4) $\sin 2x$;　　(5) $\mathrm{e}^{f(x)}+C$;　　(6) $\ln|x+\sin x|+C$;

(7) $\frac{2}{3}x^3+C$;　　(8) $-\sin\frac{1}{x}+C$;　　(9) e^{x2-x+C};

(10) $f(x)=x^3+2x-3$;　　(11) $\cos x-\frac{2\sin x}{x}+C$.

2. 选择题.

(1)D;　(2)C;　(3)B;　(4)A;　(5)C;

(6)B;　(7)C;　(8)C;　(9)B;　(10)D.

4.6　课外阅读

牛顿与莱布尼茨的微积分“战争”

18 世纪初,德国伟大的数学家戈特弗里德·威廉·莱布尼茨(1646—1716)和英国伟大的数学家艾萨克·牛顿(1643—1727)之间爆发了一场激烈的“战争”,这场“战争”持续超过 10 年,直到他们各自去世.

这场“战争”中,他们都宣称自己才是微积分的创立者.微积分是数学分析的基础,为我们提供了一套测算包括几何图形、行星绕太阳运行的轨迹在内的各种曲面面积的通用方法.微积分是 17 世纪最伟大的知识遗产之一.牛顿在 1665—1666 年间(他创造力最强的一段时间)创立了这一数学方法.当时牛顿还是一名年轻的剑桥学生,他离开了老师和同学,回到自己的乡村住所.牛顿在乡下度过了两年几乎与世隔绝的生活,这段时间里,他不停地做实验,潜心于思考支配宇宙的物理法则.牛顿在这两年中创建的科学体系或许是其他任何一位科学家在同样短的时间内都无法完成的.他在几乎各个科学领域都有重大发现,如现代光学、流体力学、潮汐物理等.

最重要的是,牛顿创立了称之为流数法的微积分.但牛顿在其大半生的时间里,却并没有将这一发明公之于世,而仅仅是将自己的私人稿件在朋友之间传阅.牛顿直到发明微积分 10 年之后,才正式出版相关著作.

莱布尼茨则是在晚10年之后的1675年才发明微积分,那段时间是他最为多产的一个时期,当时他住在巴黎.莱布尼茨在接下来的 10 年里不断完善这一发现,创立了一套独特的微积分符号系统,并于 1684 年和 1686 年分别发表两篇关于微积分的论文.莱布尼茨虽晚于牛顿发明微积分,但他发表微积分的著作却早于牛顿.正是如此,莱布尼茨才得以宣称自己是微积分的第一创始人.微积分意义是如此重大,以至于到 1700 年,莱布尼茨在整个欧洲被公认为是当时最伟大的数学家.

莱布尼茨和牛顿都说自己才是微积分真正的创始人,现在则普遍认为两人各自独立创立了微积分,都是微积分的发明人.微积分可算是自古希腊以来数学史上最大的进步,两人都为之做出了重大贡献.

英国国家肖像馆至今还挂着一幅牛顿肖像,这幅肖像是戈弗雷·内勒爵士 1702 年所画的.肖像描绘了一个中年男人,披着棕色学术袍,衣领却是蓝色的.在画像中,牛顿的眼睛显得又大又圆,还有些许眼袋.画家在他的脸颊、鼻子和额头上点缀粉色,他的脸色则有些泛蓝.经过这些色彩的渲染,牛顿的表情似乎显得不那么严峻了,但你仍然很难想象,画像中的人笑起来会是什么样.

牛顿确实比莱布尼茨早 10 年发明微积分,但这并不足以说明牛顿就是微积分的创立者,莱布尼茨同样有权争取微积分的创立权.莱布尼茨独立地发展了微积分,更重要的是,他首先发表了有关微积分的著作;他对微积分的研究比牛顿更加深入;他创立了远优于牛顿的微积分符号,这些符号沿用至今.他花费数年时间将微积分发展成一个方便所有人使用的完整的数学架构.因此,我们可以这样说,莱布尼茨的微积分方法对数学史做出的贡献要大于牛顿.

莱布尼茨和牛顿如果在另一种情形下相遇,他们可能会成为朋友. 他们阅读相同的书籍,研究的同样是当时最重大的数学和哲学问题. 莱布尼茨与众多欧洲学者保持着稳定的通信关系,牛顿也是其中之一. 但莱布尼茨和牛顿从未碰过面,他们之间的交流仅限于几封书信往来,年轻时有几封,中年一封,晚年更只有一封短信. 但是,他们之间的通信前后跨越了几十年.

微积分是重要的数学发明, 极大地推动了科学的进步. 但在两位伟大的科学巨匠 —— 牛顿和莱布尼茨之间,却爆发了激烈的微积分发明权之争. 这场旷日持久的微积分"战争",是科学史上的重大事件.

*第 5 章 定积分

5.1 内容提要

1. 定积分的概念

设$f(x)$ 在区间$[a,b]$上有界，在$[a,b]$内任意插入 $n-1$ 个分点 $a=x_0<x_1<x_2<\cdots<x_{n-1}<x_n=b$,将区间$[a,b]$分成 n 个小区间$[x_0,x_1]$,$[x_1,x_2]$,$\cdots$,$[x_{i-1},x_i]$,$\cdots$,$[x_{n-1},x_n]$. 第 i 个小区间$[x_{i-1},x_i]$的长度为 $\Delta x_i=x_i-x_{i-1}$,λ 是这 n 个小区间的长度的最大者,即 $\lambda=\max\limits_{1\leqslant i\leqslant n}\{\Delta x_i\}$. 在$[x_{i-1},x_i]$中任取一点 $\xi_i(i=1,2,3,\cdots,n)$,则和式 $S=\sum\limits_{i=1}^{n}f(\xi_i)\Delta x_i$ 称为函数$f(x)$ 在$[a,b]$上的积分和. 如果当 $\lambda\to 0$ 时,和式 S 趋近于一个确定的极限 I,且 I 与$[a,b]$分法无关,也与 ξ_i 在$[x_{i-1},x_i]$中的取法无关,则称函数$f(x)$ 在$[a,b]$上可积,极限 I 称为$f(x)$ 在$[a,b]$上的定积分,记作$\int_a^b f(x)\,\mathrm{d}x$.

2. 定积分的性质

性质 1 如果$f(x)=1$,则$\int_a^b f(x)\,\mathrm{d}x=\int_a^b \mathrm{d}x=b-a$.

性质 2 设 α,β 为常数,则有

$$\int_a^b[\alpha f(x)+\beta g(x)]\,\mathrm{d}x=\alpha\int_a^b f(x)\,\mathrm{d}x+\beta\int_a^b g(x)\,\mathrm{d}x$$

性质 3(积分的可加性) 如果将积分区间分成两部分,则在整个区间上的定积分等于这两部分区间上定积分之和. 设 $a<c<b$,则

$$\int_a^b f(x)\,\mathrm{d}x=\int_a^c f(x)\,\mathrm{d}x+\int_c^b f(x)\,\mathrm{d}x$$

推广 不论 a,b,c 的相对位置如何,总有$\int_a^b f(x)\,\mathrm{d}x=\int_a^c f(x)\,\mathrm{d}x+\int_c^b f(x)\,\mathrm{d}x$ 成立.

例如,当 $a<b<c$ 时,由于

$$\int_a^c f(x)\,\mathrm{d}x=\int_a^b f(x)\,\mathrm{d}x+\int_b^c f(x)\,\mathrm{d}x$$

则

$$\int_a^b f(x)\mathrm{d}x = \int_a^c f(x)\mathrm{d}x - \int_b^c f(x)\mathrm{d}x = \int_a^c f(x)\mathrm{d}x + \int_c^b f(x)\mathrm{d}x$$

性质4　如果在区间$[a,b]$上,$f(x) \geqslant 0$,则$\int_a^b f(x)\mathrm{d}x \geqslant 0$.

性质5　如果在区间$[a,b]$上,$f(x) \leqslant g(x)$,则$\int_a^b f(x)\mathrm{d}x \leqslant \int_a^b g(x)\mathrm{d}x$.

性质6　设M,m分别是函数$f(x)$在$[a,b]$上的最大值和最小值,则

$$m(b-a) \leqslant \int_a^b f(x)\mathrm{d}x \leqslant M(b-a)$$

性质7　如果函数$f(x)$在闭区间$[a,b]$上连续,则在区间$[a,b]$上至少存在一点ξ,使

$$\int_a^b f(x)\mathrm{d}x = f(\xi)\cdot(b-a)$$

此性质称为积分中值定理.

3. 变上限积分函数的概念

设函数$f(t)$在区间$[a,b]$上连续,则对于任意一个$x \in [a,b]$,函数$f(t)$在区间$[a,x]$上也连续,故存在定积分$\int_a^x f(t)\mathrm{d}t$. 于是,对于任意一个$x \in [a,b]$,有唯一确定的积分值$\int_a^x f(t)\mathrm{d}t$与之对应,于是在$[a,b]$上定义了一个函数, $\Phi(x) = \int_a^x f(t)\mathrm{d}t(a \leqslant x \leqslant b)$,称为变上限积分函数.

4. 牛顿 - 莱布尼兹公式

$$\int_a^b f(x)\mathrm{d}x = F(b) - F(a)$$

5. 定积分的计算方法

(1) 换元积分法(第二换元).

定理1　设函数$f(x)$在区间$[a,b]$上连续,函数$x=\varphi(t)$在区间$[\alpha,\beta]$上具有连续的导数,当t在区间$[\alpha,\beta]$上变化时,$x=\varphi(t)$的值在$[a,b]$上变化,又$\varphi(\alpha)=a,\varphi(\beta)=b$,则$\int_a^b f(x)\mathrm{d}x = \int_\alpha^\beta f[\varphi(t)]\varphi'(t)\mathrm{d}t$.

(2) 分部积分法.

$$\int_a^b uv'\mathrm{d}x = [uv]\big|_a^b - \int_a^b u'v\mathrm{d}x \quad 或 \quad \int_a^b u\mathrm{d}v = [uv]\big|_a^b - \int_a^b v\mathrm{d}u$$

6. 广义积分

(1) 无限区间上的广义积分概念.

设函数$f(x)$在区间$[a,+\infty)$上连续,取$b>a$. 如果极限$\lim\limits_{b\to+\infty}\int_a^b f(x)\mathrm{d}x$存在,则称此极限值为函数$f(x)$在无穷区间$[a,+\infty)$上的广义积分,记作$\int_a^{+\infty} f(x)\mathrm{d}x$.

(2) 无界函数的广义积分概念.

设函数$f(x)$在区间$(a,b]$上连续,且a为瑕点. 取$\eta>0$,如果极限$\lim\limits_{\eta\to0^+}\int_{a+\eta}^b f(x)\mathrm{d}x$存

在,则称此极限值为无界函数$f(x)$在$(a,b]$上的广义积分或瑕积分,记作$\int_a^b f(x)\,\mathrm{d}x$.

(3)Γ - 函数.

广义积分$\int_0^{+\infty} x^{\alpha-1}\mathrm{e}^{-x}\mathrm{d}x(\alpha>0)$作为参变量$\alpha$的函数称为Γ - 函数,记为$\Gamma(\alpha)$.

7. 定积分的应用

(1)微元法.

$\mathrm{d}A=f(x)\mathrm{d}x$称为函数$A$的微元.

(2)平面图形的面积.

① 直角坐标情况.

a. 由连续曲线$y=f(x)(f(x)\geqslant 0)$和直线$x=a,x=b$及$y=0$所围成的曲边梯形的面积$A=\int_a^b f(x)\mathrm{d}x$,如图1所示.

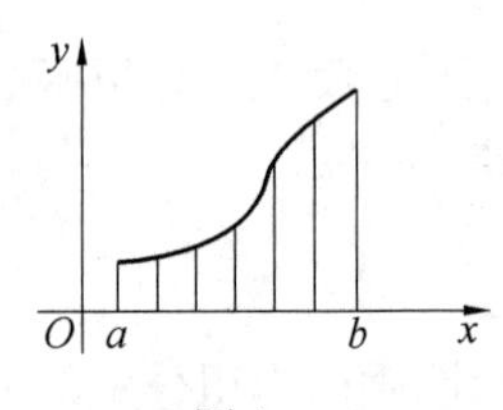

图1

b. 在区间$[a,b]$上的连续曲线$y=f(x)$(有的部分为正,有的部分为负)、x轴及直线$x=a$与直线$x=b$所围成的平面图形的面积$A=\int_a^b|f(x)|\mathrm{d}x$,如图2所示.

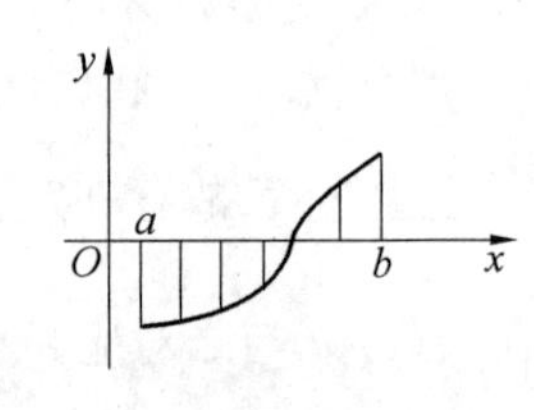

图2

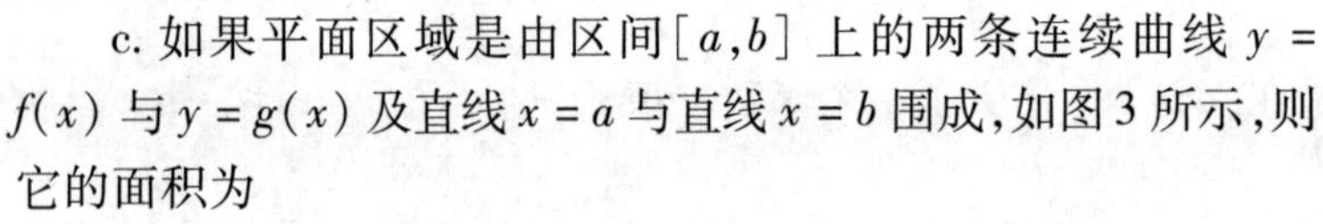

c. 如果平面区域是由区间$[a,b]$上的两条连续曲线$y=f(x)$与$y=g(x)$及直线$x=a$与直线$x=b$围成,如图3所示,则它的面积为

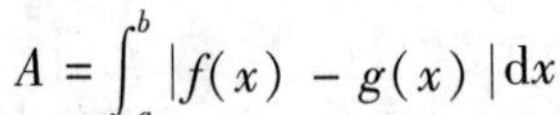

$$A=\int_a^b|f(x)-g(x)|\mathrm{d}x$$

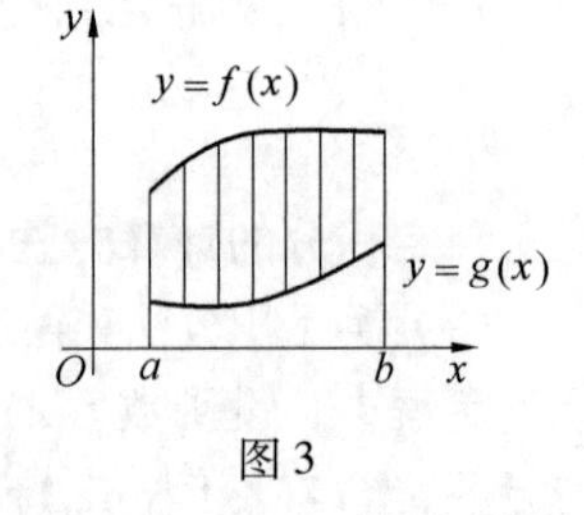

图3

② 极坐标情况. 设曲线由极坐标方程$\rho=\varphi(\theta)(\alpha\leqslant\theta\leqslant\beta)$确定,曲线$\rho=\varphi(\theta)$,射线$\theta=\alpha$和$\theta=\beta$所围曲边扇形的面积公式为

$$A=\frac{1}{2}\int_\alpha^\beta\rho^2\mathrm{d}\theta=\frac{1}{2}\int_\alpha^\beta[\varphi(\theta)]^2\mathrm{d}\theta$$

(3)立体的体积.

① 平行截面面积为已知的立体体积. 如图4所示,设空间某立体介于垂直于x轴的两平面$x=a,x=b$之间,且过任意点$x(a\leqslant x\leqslant b)$的垂直于$x$轴的截面面积$A(x)$是已知连续函数,则所求立体的体积为

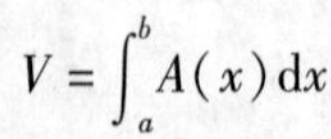

$$V=\int_a^b A(x)\mathrm{d}x$$

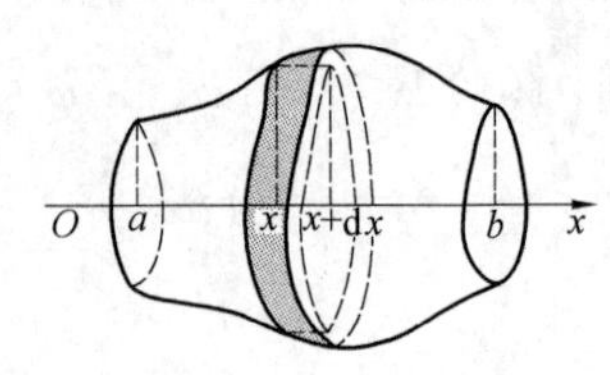

图4

② 旋转体的体积. 由连续曲线$y=f(x)(f(x)\geqslant 0)$与直线$x=a,x=b$及x轴所围成的曲边梯形绕x轴旋转所得的立体叫作旋转体,如图5所示. 旋转体的体积为

$$V_x=\pi\int_a^b f^2(x)\mathrm{d}x$$

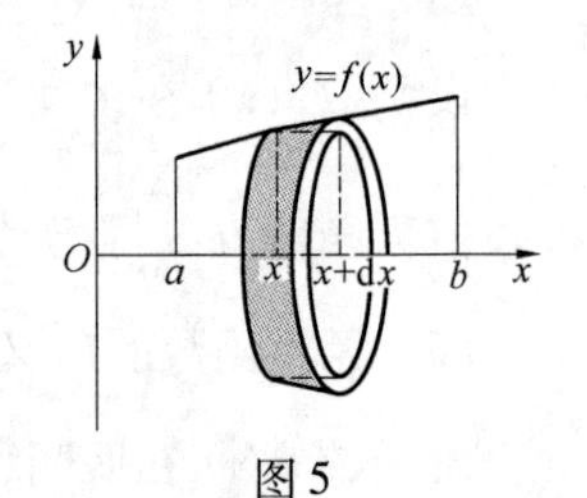

图5

(4)平面曲线的弧长.

① 直角坐标情况. 设曲线弧由方程 $y=f(x)\ (a\leqslant x\leqslant b)$ 给出,其中 $f(x)$ 在 $[a,b]$ 上具有连续的导数,则弧长为

$$s=\int_a^b\sqrt{1+y'^2}\,\mathrm{d}x$$

② 参数方程情形. 若曲线弧由参数方程 $\begin{cases}x=\varphi(t)\\y=\psi(t)\end{cases}\ (\alpha\leqslant t\leqslant\beta)$ 给出,其中 $\varphi(t),\psi(t)$ 在 $[\alpha,\beta]$ 上具有连续的导数,则弧长为

$$s=\int_\alpha^\beta\sqrt{\varphi'^2(t)+\psi'^2(t)}\,\mathrm{d}t$$

③ 极坐标情形. 若曲线弧由极坐标方程 $\rho=\rho(\theta)\ (\alpha\leqslant\theta\leqslant\beta)$ 给出,其中 $\rho(\theta)$ 在 $[\alpha,\beta]$ 上具有连续的导数,则弧长为

$$s=\int_\alpha^\beta\sqrt{\rho'^2(\theta)+\rho^2(\theta)}\,\mathrm{d}\theta$$

8. 定积分在物理及工程中的应用

(1) 变力做功.

(2) 水压力.

(3) 平均值.

设 $f(x)$ 在 $[a,b]$ 上连续,由积分中值定理可知,函数 $f(x)$ 在区间 $[a,b]$ 上的平均值为 $\bar{y}=\dfrac{1}{b-a}\displaystyle\int_a^b f(x)\,\mathrm{d}x$.

5.2　典型题精解

例 1　设 $f(x)$ 在 $[0,+\infty)$ 上连续,且 $\displaystyle\int_1^{x^3+1}f(t)\,\mathrm{d}t=x^3(x+1)$,则 $f(2)=(\quad)$.

A. $\dfrac{7}{3}$　　B. 7　　C. 2　　D. 3

解　等式两边同时求导,得

$$\left[\int_1^{x^3+1}f(t)\,\mathrm{d}t\right]'=[x^3(x+1)]'\Rightarrow 3x^2f(x^3+1)=3x^2(x+1)+x^3$$

则 $f(x^3+1)=(x+1)+\dfrac{1}{3}$,当 $x=1$ 时,$f(2)=2+\dfrac{1}{3}=\dfrac{7}{3}$,故选 A.

例 2　$F(x)=\displaystyle\int_0^x \mathrm{e}^{-t}\cos t\,\mathrm{d}t$,则 $F(x)$ 在 $[0,\pi]$ 上有(　　).

A. $F\left(\dfrac{\pi}{2}\right)$ 为极大值　　B. $F\left(\dfrac{\pi}{2}\right)$ 为极小值

C. $F\left(\dfrac{\pi}{2}\right)$ 不是极值　　D. $F(x)$ 不存在极值

解　令 $f'(x)=\mathrm{e}^{-x}\cos x=0$,求得 $x=\dfrac{\pi}{2}$,$f''(x)=-\mathrm{e}^{-x}(\cos x+\sin x)$,$f''\left(\dfrac{\pi}{2}\right)=$

$-e^{\frac{\pi}{-2}}<0$,所以$F(\frac{\pi}{2})$为极大值,故选 A.

例 3　下列广义积分收敛的是(　　).

A. $\int_1^{+\infty}\frac{dx}{x^{\frac{4}{5}}}$　　B. $\int_1^{+\infty}\frac{dx}{\sqrt{x+1}}$　　C. $\int_1^{+\infty}\frac{dx}{x^3}$　　D. $\int_{-1}^{1}\frac{1}{x^2}dx$

解　对于广义积分$\int_1^{+\infty}\frac{1}{x^p}dx$有以下结论:当$p\leqslant 1$时,积分发散;当$p>1$时,积分收敛. 所以 A,B 发散,C 收敛,选项 D 是瑕积分,经计算是发散的,故选 C.

例 4　求极限$\lim\limits_{x\to 1}\frac{\int_1^x e^{t^2}dt}{\ln x}$.

解　应用洛必达法则,得$\lim\limits_{x\to 1}\frac{\int_1^x e^{t^2}dt}{\ln x}=\lim\limits_{x\to 1}\frac{e^{x^2}}{\frac{1}{x}}=e$.

例 5　求 C 的值,使$\lim\limits_{x\to+\infty}\left(\frac{x+C}{x-C}\right)^x=\int_{-\infty}^{C}te^{2t}dt$.

解

$$\lim_{x\to+\infty}\left[\left(1+\frac{2C}{x-C}\right)^{\frac{x-C}{2C}}\right]^{2C}\left(\frac{x+C}{x-C}\right)^C=\int_{-\infty}^{C}td\left(\frac{1}{2}e^{2t}\right)$$

$$e^{2C}=\frac{1}{2}te^{2t}\Big|_{-\infty}^{C}-\frac{1}{2}\int_{-\infty}^{C}e^{2t}dt$$

$$e^{2C}=\frac{1}{2}Ce^{2C}-\frac{1}{4}e^{2C}$$

$$C=\frac{5}{2}$$

例 6　计算$\int_0^{\pi}\sqrt{\sin x-\sin^3 x}\,dx$.

解　$\int_0^{\pi}\sqrt{\sin x-\sin^3 x}\,dx=\int_0^{\pi}\sqrt{\sin x}\,|\cos x|\,dx=$

$$\int_0^{\frac{\pi}{2}}\sqrt{\sin x}\cos x\,dx+\int_{\frac{\pi}{2}}^{\pi}\sqrt{\sin x}(-\cos x)\,dx=$$

$$\left[\frac{2}{3}(\sin x)^{\frac{3}{2}}\right]\Big|_0^{\frac{\pi}{2}}-\left[\frac{2}{3}(\sin x)^{\frac{3}{2}}\right]\Big|_{\frac{\pi}{2}}^{\pi}=\frac{4}{3}$$

例 7　计算:$\int_0^1 x^2\sqrt{1-x^2}\,dx$.

解　$\int_0^1 x^2\sqrt{1-x^2}\,dx\xlongequal{x=\sin t}\int_0^{\frac{\pi}{2}}\sin^2 t\cos t\cos t\,dt=\int_0^{\frac{\pi}{2}}\frac{1-\cos 4t}{8}dt=$

$$\left[\frac{1}{8}t-\frac{\sin 4t}{32}\right]\Big|_0^{\frac{\pi}{2}}=\frac{\pi}{16}$$

例 8　计算:$\int_0^{\ln 5}\frac{e^x\sqrt{e^x-1}}{e^x+3}dx$.

解　$\int_0^{\ln 5}\frac{e^x\sqrt{e^x-1}}{e^x+3}dx \xlongequal{e^x-1=t^2} \int_0^2\frac{(t^2+1)t}{t^2+1+3}\cdot\frac{2t}{t^2+1}dt=\int_0^2(2-\frac{8}{t^2+4})dt=$

$$\left[2t-4\arctan\frac{t}{2}\right]\Big|_0^2=4-\pi.$$

例9　设函数$f(x)$连续,且$f(x)>0,x\in[a,b]$,有

$$F(x)=\int_a^x f(t)dt+\int_b^x\frac{1}{f(t)}dt,\quad x\in[a,b]$$

证明:(1)$f'(x)\geqslant 2$;(2)方程$F(x)=0$在区间(a,b)内有且仅有一个根.

证　(1)$f'(x)=f(x)+\frac{1}{f(x)}\geqslant 2\sqrt{f(x)\cdot\frac{1}{f(x)}}=2$;

(2)由于$F(x)$在$[a,b]$上连续,且

$$F(a)=\int_a^a f(t)dt+\int_b^a\frac{1}{f(t)}dt=\int_b^a\frac{1}{f(t)}dt<0$$

$$F(b)=\int_a^b f(t)dt+\int_b^b\frac{1}{f(t)}dt=\int_a^b f(t)dt>0$$

因此$F(x)=0$在(a,b)内至少有一个根,又由(1)知$F(x)$在$[a,b]$内单调增加,故$F(x)=0$在(a,b)内至多有一个根,从而$F(x)=0$在(a,b)内有且仅有一个根.

例10　设$f(x)$在$[a,b]$上连续,在(a,b)内可导,且$f'(x)\leqslant 0$,则

$$F(x)=\frac{1}{x-a}\int_a^x f(t)dt$$

证明:在(a,b)内有$f'(x)\leqslant 0$.

证　因为$f(x)$在$[a,b]$上连续,在(a,b)内可导,又$f'(x)\leqslant 0$,所以$f(x)$在$[a,b]$上是单调递减的,因此$f(x)-f(t)\leqslant 0(a\leqslant t\leqslant x<b)$,从而

$$\int_a^x[f(x)-f(t)]dt\leqslant 0,\quad a\leqslant x\leqslant b$$

$$f'(x)=\left[\frac{1}{x-a}\int_a^x f(t)dt\right]'=\frac{f(x)(x-a)-\int_a^x f(t)dt}{(x-a)^2}=\frac{\int_a^x f(x)dt-\int_a^x f(t)dt}{(x-a)^2}$$

从而$f'(x)$与$\int_a^x[f(x)-f(t)]dt$同号,故在(a,b)内总有$f'(x)\leqslant 0$.

例11　计算反常积分$\int_e^{+\infty}\frac{1}{x\ln^2x}dx$.

解　$\int_e^{+\infty}\frac{1}{x\ln^2x}dx=\lim\limits_{b\to+\infty}\int_e^b\frac{1}{x\ln^2x}dx=\lim\limits_{b\to+\infty}\int_e^b\frac{1}{\ln^2x}d(\ln x)=\lim\limits_{b\to+\infty}(1-\frac{1}{\ln b})=1.$

例12　求曲线$y=4x^2-x^4$与x轴的正半轴所围成图形的面积.

解　$y=4x^2-x^4$与x轴的交点为$(0,0),(2,0),(-2,0)$,因为$y=4x^2-x^4$是偶函数,所以

$$S=2\int_0^2(4x^2-x^4)dx=\frac{64}{15}$$

例13　计算由曲线$r=e^{2\theta}$及$\theta=0,\theta=\frac{\pi}{4}$围成图形的面积.

解　$\int_0^{\frac{\pi}{4}} \frac{r^2}{2}\mathrm{d}\theta = \int_0^{\frac{\pi}{4}} \frac{\mathrm{e}^{4\theta}}{2}\mathrm{d}\theta = \left[\frac{\mathrm{e}^{4\theta}}{8}\right]\Big|_0^{\frac{\pi}{4}} = \frac{\mathrm{e}^{\pi}-1}{8}.$

例 14　求由抛物线 $y=2x-x^2$ 与 x 轴围成的图形绕 x 轴旋转一周所形成的旋转体的体积.

解　$V=\int_0^2 \pi(2x-x^2)^2\mathrm{d}x = \pi\left[\frac{4}{3}x^3 - x^4 + \frac{x^5}{5}\right]\Big|_0^2 = \frac{16}{5}\pi.$

例 15　有一放置在 y 轴上的质杆,若其上每一点的密度等于 e^y,试求质杆在 $1\leqslant y\leqslant 2$ 的一段上的质量.

解　根据题意可知质杆的密度为 $\mu(y)=\mathrm{e}^y$,考虑在区间 $[1,2]$ 的任意一个小区间 $[y,y+\Delta y]$ 上,质杆的质量为 $\Delta m=\mu(y)\Delta y$,即 $\mathrm{d}m=\mu(y)\mathrm{d}y$.

所以将 $\mathrm{d}m$ 从 1 到 2 求定积分,便得到质杆在 $1\leqslant y\leqslant 2$ 的一段上的质量,即

$$m=\int_1^2 \mu(y)\mathrm{d}y=\int_1^2 \mathrm{e}^y\mathrm{d}y=[\mathrm{e}^y]\big|_1^2=\mathrm{e}(\mathrm{e}-1)$$

5.3　同步题解析

习题 5.1 解答

1. 根据定积分的几何意义,确定下列积分的值.

(1) $\int_{-\frac{\pi}{2}}^{\frac{\pi}{2}} \sin x\mathrm{d}x$;　　　　(2) $\int_0^3 \sqrt{9-x^2}\,\mathrm{d}x$.

解　(1) 设在 $[-\frac{\pi}{2},0]$,$[0,\frac{\pi}{2}]$ 上曲线 $y=\sin x$ 下的面积分别为 S_1,S_2,且 $S_1=S_2$,于是

$$\int_{-\frac{\pi}{2}}^{\frac{\pi}{2}} \sin x\mathrm{d}x = \int_0^{\frac{\pi}{2}} \sin x\mathrm{d}x + \int_{-\frac{\pi}{2}}^{0} \sin x\mathrm{d}x = S_2 - S_1 = 0$$

(2) 因为 $\int_0^3 \sqrt{9-x^2}\,\mathrm{d}x$ 表示圆 $x^2+y^2=9$ 在第一象限部分的面积,所以

$$\int_0^3 \sqrt{9-x^2}\,\mathrm{d}x = \frac{1}{4}\pi\cdot 3^2 = \frac{9}{4}\pi$$

2. 利用定积分的几何意义证明下列等式.

(1) $\int_0^1 2x\mathrm{d}x = 1$;　　　　(2) $\int_0^1 \sqrt{1-x^2}\,\mathrm{d}x = \frac{\pi}{4}$.

证　(1) $\int_0^1 2x\mathrm{d}x = \frac{1}{2}\times 2\times(1-0)=1$;

(2) $\int_0^1 \sqrt{1-x^2}\,\mathrm{d}x = \frac{1}{4}\cdot\pi\cdot 1^2 = \frac{\pi}{4}$.

3. 利用定积分的性质比较下列各对积分值的大小.

(1) $\int_0^1 x^2\mathrm{d}x$ 与 $\int_0^1 x^3\mathrm{d}x$;　　　　(2) $\int_1^2 \ln x\mathrm{d}x$ 与 $\int_1^2 (\ln x)^2\mathrm{d}x$.

解　(1) 当 $0 \leqslant x \leqslant 1$ 时，$x^2 \geqslant x^3$，有 $\int_0^1 x^2 dx \geqslant \int_0^1 x^3 dx$.

(2) 当 $1 \leqslant x \leqslant 2$ 时，$\ln x \geqslant (\ln x)^2$，有 $\int_1^2 \ln x dx \geqslant \int_1^2 (\ln x)^2 dx$.

4. 估计下列积分值的范围.

(1) $\int_0^1 (1+x^2) dx$；　　(2) $\int_0^{\frac{3\pi}{2}} (1+\cos^2 x) dx$；

(3) $\int_{-1}^1 e^{-x^2} dx$；　　(4) $\int_{-\frac{\pi}{4}}^{\frac{\pi}{4}} \sin x dx$.

解　(1) 当 $0 \leqslant x \leqslant 1$ 时，$1 \leqslant 1+x^2 \leqslant 2$，所以 $1 \leqslant \int_0^1 (1+x^2) dx \leqslant 2$；

(2) 设 $I = \int_0^{\frac{3\pi}{2}} (1+\cos^2 x) dx$，因为 $1 \leqslant 1+\cos^2 x \leqslant 2$，所以 $1 \times \frac{3\pi}{2} \leqslant I \leqslant 2 \times \frac{3\pi}{2}$，即 $\frac{3\pi}{2} \leqslant I \leqslant 3\pi$；

(3) 当 $-1 \leqslant x \leqslant 1$ 时，$e^{-1} \leqslant e^{-x^2} \leqslant 1$，所以 $2e^{-1} \leqslant \int_{-1}^1 e^{-x^2} dx \leqslant 2$；

(4) 设 $I = \int_{-\frac{\pi}{4}}^{\frac{\pi}{4}} \sin x dx$，因为 $-\frac{\sqrt{2}}{2} \leqslant \sin x \leqslant \frac{\sqrt{2}}{2}$，所以 $-\frac{\sqrt{2}}{2} \times \frac{\pi}{2} \leqslant \sin x \leqslant \frac{\sqrt{2}}{2} \times \frac{\pi}{2}$，即 $-\frac{\sqrt{2}\pi}{4} \leqslant I \leqslant \frac{\sqrt{2}\pi}{4}$.

5. 若 $f(x)$ 在 $[-1,1]$ 上连续，其平均值为 2，求 $\int_{-1}^1 f(x) dx$.

解　$\int_{-1}^1 f(x) dx = 2 \times [1-(-1)] = 4$.

习题 5.2 解答

1. 设 $y = \int_0^x \sin t dt$，求 $y'(0)$，$y'(\frac{\pi}{4})$.

解　$y' = \sin x$，$y'(0) = \sin 0 = 0$，$y'(\frac{\pi}{4}) = \frac{\sqrt{2}}{2}$.

2. 求下列函数 $y = y(x)$ 的导数 $\frac{dy}{dx}$.

(1) $y = \int_0^x \sin^2 t dt$；　　(2) $y = \int_0^{x^2} \sqrt{1+t^2} dt$；

(3) $y = \int_{x^2}^{x^3} \frac{dt}{\sqrt{1+t^4}}$；　　(4) $y = \int_x^0 e^{t^2} dt$；

(5) $y = \int_{\sqrt{x}}^{x^2} \frac{\sin t}{t} dt$；　　(6) $y = \int_{x^2}^1 \arctan t^2 dt$.

解　(1) $y' = \sin^2 x$；

(2) $y' = \frac{d}{dx}(\int_0^{x^2} \sqrt{1+t^2}dt) = \frac{d}{dx^2}(\int_0^{x^2} \sqrt{1+t^2}dt) \cdot \frac{d(x^2)}{dt} = 2x\sqrt{1+x^4}$;

(3) $y' = \frac{d}{dx}(\int_{x^2}^{x^3} \frac{dt}{\sqrt{1+t^4}}) = \frac{d}{dx}(\int_0^{x^3} \frac{dt}{\sqrt{1+t^4}} - \int_0^{x^2} \frac{dt}{\sqrt{1+t^4}}) =$

$\frac{d}{dx^3}(\int_0^{x^3} \frac{dt}{\sqrt{1+t^4}}) \cdot \frac{d(x^3)}{dx} - \frac{d}{dx^2}(\int_0^{x^2} \frac{dt}{\sqrt{1+t^4}}) \cdot \frac{d(x^2)}{dx} = \frac{3x^2}{\sqrt{1+x^{12}}} - \frac{2x}{\sqrt{1+x^8}}$;

(4) $y' = \frac{d}{dx}\int_x^0 e^{t^2}dt = -e^{x^2}$;

(5) $y' = \frac{d}{dx}(\int_{\sqrt{x}}^{x^2} \frac{\sin t}{t}dt) = \frac{d}{dx}(\int_0^{x^2} \frac{\sin t}{t}dt - \int_0^{\sqrt{x}} \frac{\sin t}{t}dt) =$

$\frac{d}{dx^2}(\int_0^{x^2} \frac{\sin t}{t}dt) \cdot \frac{d(x^2)}{dx} - \frac{d}{d\sqrt{x}}(\int_0^{\sqrt{x}} \frac{\sin t}{t}dt) \cdot \frac{d(\sqrt{x})}{dx} =$

$\frac{\sin x^2}{x^2} \cdot 2x - \frac{\sin\sqrt{x}}{\sqrt{x}} \cdot \frac{1}{2\sqrt{x}} = \frac{2\sin x^2}{x} - \frac{\sin\sqrt{x}}{2x}$;

(6) $y' = \frac{d}{dx}(\int_{x^2}^1 \arctan t^2 dt) = -\frac{d}{dx^2}(\int_1^{x^2} \arctan t^2 dt) \cdot \frac{d(x^2)}{dx} = -2x\arctan x^4$.

3. 求下列极限.

(1) $\lim\limits_{x\to 0} \frac{\int_0^x \cos t^2 dt}{x}$;　　(2) $\lim\limits_{x\to 0} \frac{\int_0^x \arctan t dt}{x^2}$.

解　(1) $\lim\limits_{x\to 0} \frac{\int_0^x \cos t^2 dt}{x} = \lim\limits_{x\to 0} \frac{\cos x^2}{1} = 1$;

(2) $\lim\limits_{x\to 0} \frac{\int_0^x \arctan t dt}{x^2} = \lim\limits_{x\to 0} \frac{\arctan x}{2x} = \lim\limits_{x\to 0} \frac{\frac{1}{1+x^2}}{2} = \frac{1}{2}$.

4. 计算下列积分.

(1) $\int_3^6 (x^2+1)dx$;　　(2) $\int_1^9 (\sqrt{x} + \frac{1}{\sqrt{x}})dx$;

(3) $\int_0^{\frac{\pi}{4}} \tan^2 x dx$;　　(4) $\int_0^{\pi} \cos^2 \frac{x}{2} dx$;

(5) $\int_1^e \frac{1+\ln x}{x}dx$;　　(6) $\int_0^3 \sqrt{4-4x+x^2}dx$;

(7) $\int_0^{2\pi} |\sin x| dx$;　　(8) $\int_0^1 xe^{x^2}dx$;

(9) $\int_0^5 \frac{x^3}{x^2+1}dx$;　　(10) $\int_{-\frac{3}{2}}^{\frac{3}{2}} \frac{1}{\sqrt{9-x^2}}dx$.

解　(1) $\int_3^6 (x^2+1)dx = [\frac{x^3}{3} + x]\Big|_3^6 = (72+6) - (9+3) = 66$;

(2) $\int_1^9(\sqrt{x}+\frac{1}{\sqrt{x}})\mathrm{d}x=[\frac{2}{3}x^{\frac{3}{2}}+2x^{\frac{1}{2}}]\Big|_1^9=\frac{64}{3}$;

(3) $\int_0^{\frac{\pi}{4}}\tan^2x\mathrm{d}x=\int_0^{\frac{\pi}{4}}(\sec^2x-1)\mathrm{d}x=[\tan x-x]\Big|_0^{\frac{\pi}{4}}=1-\frac{\pi}{4}$;

(4) $\int_0^{\pi}\cos^2\frac{x}{2}\mathrm{d}x=\int_0^{\pi}\frac{\cos x+1}{2}\mathrm{d}x=[\frac{\sin x}{2}+\frac{x}{2}]\Big|_0^{\pi}=\frac{\pi}{2}$;

(5) $\int_1^{\mathrm{e}}\frac{1+\ln x}{x}\mathrm{d}x=\int_1^{\mathrm{e}}(1+\ln x)\mathrm{d}(\ln x)=[\ln x+\frac{\ln^2x}{2}]\Big|_1^{\mathrm{e}}=(1+\frac{1}{2})-0=\frac{3}{2}$;

(6) $\int_0^3\sqrt{4-4x+x^2}\mathrm{d}x=\int_0^3\sqrt{(x-2)^2}\mathrm{d}x=\int_0^2(2-x)\mathrm{d}x+\int_2^3(x-2)\mathrm{d}x=\frac{5}{2}$;

(7) $\int_0^{2\pi}|\sin x|\mathrm{d}x=\int_0^{\pi}\sin x\mathrm{d}x-\int_{\pi}^{2\pi}\sin x\mathrm{d}x=[-\cos x]\Big|_0^{\pi}+[\cos x]\Big|_{\pi}^{2\pi}=$ $1+1+1+1=4$;

(8) $\int_0^1x\mathrm{e}^{x^2}\mathrm{d}x=\frac{1}{2}\int_0^1\mathrm{e}^{x^2}\mathrm{d}x^2=\frac{1}{2}[\mathrm{e}^{x^2}]\Big|_0^1=\frac{1}{2}(\mathrm{e}-1)$;

(9) $\int_0^5\frac{x^3}{x^2+1}\mathrm{d}x=\int_0^5(x-\frac{x}{x^2+1})\mathrm{d}x=[\frac{x^2}{2}-\frac{1}{2}\ln(x^2+1)]\Big|_0^5=\frac{25}{2}-\frac{1}{2}\ln 26$;

(10) $\int_{-\frac{3}{2}}^{\frac{3}{2}}\frac{1}{\sqrt{9-x^2}}\mathrm{d}x=\frac{1}{3}\int_{-\frac{3}{2}}^{\frac{3}{2}}\frac{1}{\sqrt{1-(\frac{x}{3})^2}}\mathrm{d}x=\arcsin\frac{x}{3}\Big|_{-\frac{3}{2}}^{\frac{3}{2}}=\frac{\pi}{6}-(-\frac{\pi}{6})=\frac{\pi}{3}$.

5. 设$f(x)$在区间$[a,b]$上连续,且$f(x)>0,x\in[a,b]$,则

$$F(x)=\int_a^xf(t)\mathrm{d}t+\int_b^x\frac{1}{f(t)}\mathrm{d}t,\quad x\in[a,b]$$

证明:(1)$f'(x)\geqslant 2$;(2) 方程$F(x)=0$在区间(a,b)内有且仅有一个根.

证　(1) 因为

$$f(x)+\frac{1}{f(x)}\geqslant 2\sqrt{f(x)\cdot\frac{1}{f(x)}}=2,\quad f(x)>0,\quad x\in[a,b]$$

所以

$$f'(x)=f(x)+\frac{1}{f(x)}\geqslant 2$$

(2) 因为$f(x)>0$,所以

$$f'(x)=[\int_a^xf(t)\mathrm{d}t+\int_b^x\frac{1}{f(t)}\mathrm{d}t]'=f(x)+\frac{1}{f(x)}\geqslant 2\sqrt{f(x)}\cdot\frac{1}{\sqrt{f(x)}}=2$$

易见函数$F(x)$在$[a,b]$上连续,且

$$F(a)=\int_a^af(t)\mathrm{d}t+\int_b^a\frac{1}{f(t)}\mathrm{d}t=-\int_a^b\frac{1}{f(t)}\mathrm{d}t<0$$

$$F(b)=\int_a^bf(t)\mathrm{d}t+\int_b^b\frac{1}{f(t)}\mathrm{d}t=\int_a^bf(t)\mathrm{d}t>0$$

根据零点定理,得至少存在一点$\xi\in(a,b)$,使得$F(\xi)=0$,即$F(x)=0$在(a,b)内至少有一个实根;因为$f'(x)>0$,所以函数$F(x)$在$[a,b]$上单调增加,从而在(a,b)内有且

仅有一个实根.

6. 求函数 $F(x)=\int_0^x t(t-4)\mathrm{d}t$ 在 $[-1,5]$ 上的最大值和最小值.

解　$f'(x)=\frac{\mathrm{d}}{\mathrm{d}x}(\int_0^x t(t-4)\mathrm{d}t)=x(x-4)$，令 $f'(x)=0$，得驻点 $x_1=0,x_2=4$，且 $F(0)=0,F(4)=-\frac{32}{3},F(-1)=-\frac{7}{3},F(5)=-\frac{25}{3}$，所以函数 $F(x)$ 在点 $x=0$ 处取得最大值0，在点 $x=4$ 处取得最小值 $-\frac{32}{3}$.

7. 设 $f(x)$ 在 $[a,b]$ 上连续，在 (a,b) 内可导且 $f'(x)\leqslant 0$，有

$$F(x)=\frac{1}{x-a}\int_a^x f(t)\mathrm{d}t$$

证明：在 (a,b) 内有 $f'(x)\leqslant 0$.

证　因为 $f(x)$ 在 $[a,b]$ 上连续，在 (a,b) 内可导，又 $f'(x)\leqslant 0$，所以 $f(x)$ 在 $[a,b]$ 上是单调递减的，因此 $f(x)-f(t)\leqslant 0(a\leqslant t\leqslant x<b)$，从而

$$\int_a^x [f(x)-f(t)]\mathrm{d}t\leqslant 0,\quad a\leqslant x\leqslant b$$

$$f'(x)=[\frac{1}{x-a}\int_a^x f(t)\mathrm{d}t]'=\frac{f(x)(x-a)-\int_a^x f(t)\mathrm{d}t}{(x-a)^2}=\frac{\int_a^x f(x)\mathrm{d}t-\int_a^x f(t)\mathrm{d}t}{(x-a)^2}$$

从而 $f'(x)$ 与 $\int_a^x [f(x)-f(t)]\mathrm{d}t$ 同号，故在 (a,b) 内总有 $f'(x)\leqslant 0$.

习题5.3解答

1. 计算下列积分.

(1) $\int_0^4 \frac{1}{1+\sqrt{t}}\mathrm{d}t$；　　(2) $\int_1^5 \frac{\sqrt{x-1}}{x}\mathrm{d}x$；

(3) $\int_1^2 \frac{\sqrt{x^2-1}}{x}\mathrm{d}x$；　　(4) $\int_0^7 \frac{1}{1+\sqrt[3]{1+u}}\mathrm{d}u$；

(5) $\int_0^{\ln 2}\sqrt{\mathrm{e}^x-1}\,\mathrm{d}x$；　　(6) $\int_0^1 \sqrt{4-x^2}\,\mathrm{d}x$；

(7) $\int_1^{\sqrt{3}} \frac{1}{x^2\sqrt{1+x^2}}\mathrm{d}x$；　　(8) $\int_1^3 \arctan\sqrt{x}\,\mathrm{d}x$；

(9) $\int_2^5 f(x-2)\mathrm{d}x$，其中 $f(x)=\begin{cases}x^2+1, & 0\leqslant x\leqslant 1\\ \mathrm{e}^{2x}, & 1<x\leqslant 3\end{cases}$；

(10) $\int_0^2 f(x)\mathrm{d}x$，其中 $f(x)=\begin{cases}x+1, & x\leqslant 1\\ \frac{1}{2}x^2, & x>1\end{cases}$.

解　(1) 令 $\sqrt{t}=u$，则 $\mathrm{d}t=2u\mathrm{d}u$，所以

$$原式 = \int_0^2 \frac{1}{1+u} \cdot 2u\mathrm{d}u = \int_0^2 (2 - \frac{2}{1+u})\mathrm{d}u = [2u - 2\ln|1+u|]\Big|_0^2 = 4 - 2\ln 3$$

(2) 令$\sqrt{x-1} = u$,则 $x = u^2 + 1$,$\mathrm{d}x = 2u\mathrm{d}u$,所以

$$原式 = \int_0^2 \frac{u}{u^2+1} \cdot 2u\mathrm{d}u = \int_0^2 (2 - \frac{2}{u^2+1})\mathrm{d}u = [2u - 2\arctan u]\Big|_0^2 = 4 - 2\arctan 2$$

(3) 令 $x = \sec t$,则 $\mathrm{d}x = \sec t \cdot \tan t\mathrm{d}t$,所以

$$原式 = \int_0^{\frac{\pi}{3}} \frac{\tan t}{\sec t} \cdot \sec t\tan t\mathrm{d}t = \int_0^{\frac{\pi}{3}} (\sec^2 t - 1)\mathrm{d}t = [\tan t - t]\Big|_0^{\frac{\pi}{3}} = \sqrt{3} - \frac{\pi}{3}$$

(4) 令$\sqrt[3]{1+u} = x$,则 $\mathrm{d}u = 3x^2\mathrm{d}x$,所以

$$原式 = \int_1^2 \frac{1}{1+x} \cdot 3x^2\mathrm{d}x = \int_1^2 (3x - 3 + \frac{3}{1+x})\mathrm{d}x =$$

$$[\frac{3}{2}x^2 - 3x + 3\ln|1+x|]\Big|_1^2 = \frac{3}{2} + 3\ln\frac{3}{2}$$

(5) 令$\sqrt{\mathrm{e}^x - 1} = u$,则 $x = \ln(u^2+1)$,$\mathrm{d}x = \frac{2u}{u^2+1}\mathrm{d}u$,所以

$$原式 = \int_0^1 u \cdot \frac{2u}{u^2+1}\mathrm{d}u = \int_0^1 (2 - \frac{2}{u^2+1})\mathrm{d}u = [2u - 2\arctan u]\Big|_0^1 = 2 - \frac{\pi}{2}$$

(6) 令 $x = 2\sin t$,则 $\mathrm{d}x = 2\cos t\mathrm{d}t$,所以

$$原式 = \int_0^{\frac{\pi}{6}} 2\cos t \cdot 2\cos t\mathrm{d}t = 2\int_0^{\frac{\pi}{6}} (\cos 2t + 1)\mathrm{d}t =$$

$$[\sin 2t + 2t]\Big|_0^{\frac{\pi}{6}} = \frac{\sqrt{3}}{2} + \frac{\pi}{3} = \frac{3}{2} + 3\ln\frac{3}{2}$$

(7) 令 $x = \tan t$,则 $\mathrm{d}x = \sec^2 t\mathrm{d}t$,所以

$$原式 = \int_{\frac{\pi}{4}}^{\frac{\pi}{3}} \frac{1}{\tan^2 t \cdot \sec t} \cdot \sec^2 t\mathrm{d}t = (\int_{\frac{\pi}{4}}^{\frac{\pi}{3}} \cot t \cdot \csc t\mathrm{d}t = [-\csc t]\Big|_{\frac{\pi}{4}}^{\frac{\pi}{3}} = \sqrt{2} - \frac{2\sqrt{3}}{3}$$

$$(8)\ \int_1^3 \arctan\sqrt{x}\mathrm{d}x = [x\arctan\sqrt{x}]\Big|_1^3 - \int_1^3 \frac{x \cdot \frac{1}{2\sqrt{x}}}{1+x}\mathrm{d}x = \frac{3\pi}{4} - \int_1^3 \frac{\sqrt{x}}{2(1+x)}\mathrm{d}x \xlongequal{\sqrt{x}=t}$$

$$\frac{3\pi}{4} - \int_1^{\sqrt{3}} \frac{2t^2}{2(1+t^2)}\mathrm{d}t = \frac{3\pi}{4} - [t - \arctan t]\Big|_1^{\sqrt{3}} = \frac{5\pi}{6} - \sqrt{3} + 1.$$

(9) 因为$f(x) = \begin{cases} x^2 + 1, & 0 \leqslant x \leqslant 1 \\ \mathrm{e}^{2x}, & 1 < x \leqslant 3 \end{cases}$,所以

$$f(x-2) = \begin{cases} (x-2)^2 + 1, & 2 \leqslant x \leqslant 3 \\ \mathrm{e}^{2(x-2)}, & 3 < x \leqslant 5 \end{cases}$$

于是

$$\int_2^5 f(x-2)\mathrm{d}x = \int_2^3 [(x-2)^2 + 1]\mathrm{d}x + \int_3^5 \mathrm{e}^{2(x-2)}\mathrm{d}x =$$

$$[\frac{(x-2)^3}{3} + x]\Big|_2^3 + \frac{1}{2}[\mathrm{e}^{2(x-2)}]\Big|_3^5 = \frac{4}{3} + \frac{1}{2}(\mathrm{e}^6 - \mathrm{e}^2)$$

(10) $\int_0^2 f(x)\mathrm{d}x=\int_0^1(x+1)\mathrm{d}x+\int_1^2\frac{1}{2}x^2\mathrm{d}x=\left[\frac{1}{2}x^2+x\right]\Big|_0^1+\left[\frac{1}{6}x^3\right]\Big|_1^2=\frac{8}{3}.$

2. 计算下列积分.

(1) $\int_0^1 x\mathrm{e}^{-x}\mathrm{d}x$；　(2) $\int_0^{\frac{\pi}{2}} x\mathrm{d}(-\cos x)$；

(3) $\int_1^2 x\ln x\mathrm{d}x$；　(4) $\int_{\frac{\pi}{4}}^{\frac{\pi}{3}}\frac{x}{\sin^2 x}\mathrm{d}x$；

(5) $\int_0^{\sqrt{\ln 2}} x^3\mathrm{e}^{x^2}\mathrm{d}x$；　(6) $\int_0^{\frac{\sqrt{3}}{2}}\arccos x\mathrm{d}x$；

(7) $\int_0^{\sqrt{3}}\arctan x\mathrm{d}x$；　(8) $\int_0^{\frac{\pi}{2}}\mathrm{e}^{2x}\cos x\mathrm{d}x$；

(9) $\int_0^1\frac{1}{1+\mathrm{e}^x}\mathrm{d}x$；　(10) $\int_0^1\frac{x+\arctan x}{1+x^2}\mathrm{d}x$；

(11) $\int_0^1\ln(1+x^2)\mathrm{d}x$；(12) $\int_0^{\frac{\pi}{4}}\frac{x}{\cos^2 x}\mathrm{d}x$.

解　(1) $\int_0^1 x\mathrm{e}^{-x}\mathrm{d}x=\int_0^1 x\mathrm{d}(-\mathrm{e}^{-x})=\left[-x\mathrm{e}^{-x}\right]\Big|_0^1+\int_0^1\mathrm{e}^{-x}\mathrm{d}x=-\mathrm{e}^{-1}-\left[\mathrm{e}^{-x}\right]\Big|_0^1=1-2\mathrm{e}^{-1}$；

(2) $\int_0^{\frac{\pi}{2}} x\mathrm{d}(-\cos x)=\left[-x\cos x\right]\Big|_0^{\frac{\pi}{2}}+\int_0^{\frac{\pi}{2}}\cos x\mathrm{d}x=\sin x\Big|_0^{\frac{\pi}{2}}=1$；

(3) $\int_1^2 x\ln x\mathrm{d}x=\int_1^2\ln x\mathrm{d}\left(\frac{x^2}{2}\right)=\left[\frac{x^2}{2}\ln x\right]\Big|_1^2+\int_1^2\frac{x}{2}\mathrm{d}x=2\ln 2-\left[\frac{x^2}{4}\right]\Big|_1^2=2\ln 2-\frac{3}{4}$；

(4) $\int_{\frac{\pi}{4}}^{\frac{\pi}{3}}\frac{x}{\sin^2 x}\mathrm{d}x=\int_{\frac{\pi}{4}}^{\frac{\pi}{3}}x\mathrm{d}(-\cos x)=$

$$\left[-x\cot x\right]\Big|_{\frac{\pi}{4}}^{\frac{\pi}{3}}+\int_{\frac{\pi}{4}}^{\frac{\pi}{3}}\cot x\mathrm{d}x=$$

$$\frac{\pi}{4}-\frac{\sqrt{3}\pi}{9}+\left[\ln|\sin x|\right]\Big|_{\frac{\pi}{4}}^{\frac{\pi}{3}}=$$

$$\left(\frac{1}{4}-\frac{\sqrt{3}}{9}\right)\pi+\frac{1}{2}\ln\frac{3}{2}；$$

(5) $\int_0^{\sqrt{\ln 2}} x^3\mathrm{e}^{x^2}\mathrm{d}x=\int_0^{\sqrt{\ln 2}}\frac{x^2}{2}\mathrm{d}(\mathrm{e}^{x^2})=\left[\frac{x^2}{2}\mathrm{e}^{x^2}\right]\Big|_0^{\sqrt{\ln 2}}-\int_0^{\sqrt{\ln 2}}\mathrm{e}^{x^2}\mathrm{d}\left(\frac{x^2}{2}\right)=$

$$\ln 2-\int_0^{\sqrt{\ln 2}}x\mathrm{e}^{x^2}\mathrm{d}x=\ln 2-\left[\frac{\mathrm{e}^{x^2}}{2}\right]\Big|_0^{\sqrt{\ln 2}}=\ln 2-\frac{1}{2}；$$

(6) $\int_0^{\frac{\sqrt{3}}{2}}\arccos x\mathrm{d}x=\left[x\arccos x\right]\Big|_0^{\frac{\sqrt{3}}{2}}-\int_0^{\frac{\sqrt{3}}{2}}x\mathrm{d}(\arccos x)=\frac{\sqrt{3}\pi}{12}+\int_0^{\frac{\sqrt{3}}{2}}\frac{x}{\sqrt{1-x^2}}\mathrm{d}x=$

$$\frac{\sqrt{3}\pi}{12}-\left[\sqrt{1-x^2}\right]\Big|_0^{\frac{\sqrt{3}}{2}}=\frac{\sqrt{3}\pi}{12}+\frac{1}{2}；$$

(7) $\int_0^{\sqrt{3}}\arctan x\mathrm{d}x=\left[x\arctan x\right]\Big|_0^{\sqrt{3}}-\int_0^{\sqrt{3}}x\mathrm{d}(\arctan x)=\frac{\sqrt{3}\pi}{3}-\int_0^{\sqrt{3}}\frac{x}{1+x^2}\mathrm{d}x=$

$$\frac{\sqrt{3}\pi}{3}-\frac{1}{2}\left[\ln(1+x^2)\right]\Big|_0^{\sqrt{3}}=\frac{\sqrt{3}\pi}{3}-\ln 2;$$

(8) $\int_0^{\frac{\pi}{2}} e^{2x}\cos x\mathrm{d}x=\int_0^{\frac{\pi}{2}} e^{2x}\mathrm{d}(\sin x)=\left[e^{2x}\sin x\right]\Big|_0^{\frac{\pi}{2}}-\int_0^{\frac{\pi}{2}}\sin x\mathrm{d}(e^{2x})=$

$$e^{\pi}-2\int_0^{\frac{\pi}{2}}\sin x e^{2x}\mathrm{d}x=e^{\pi}+2\int_0^{\frac{\pi}{2}}e^{2x}\mathrm{d}(\cos x)=$$

$$e^{\pi}+\left[2e^{2x}\cos x\right]\Big|_0^{\frac{\pi}{2}}-4\int_0^{\frac{\pi}{2}}\cos x e^{2x}\mathrm{d}x=$$

$$e^{\pi}-2-4\int_0^{\frac{\pi}{2}}\cos x e^{2x}\mathrm{d}x.$$

将等式两边相同项合并,得

$$\int_0^{\frac{\pi}{2}}e^{2x}\cos x\mathrm{d}x=\frac{1}{5}(e^{\pi}-2)$$

(9) $\int_0^1\frac{1}{1+e^x}\mathrm{d}x\xlongequal{1+e^x=t}\int_2^{1+e}\frac{1}{t}\cdot\frac{1}{t-1}\mathrm{d}t=\int_2^{1+e}\left(\frac{1}{t-1}-\frac{1}{t}\right)\mathrm{d}t=$

$$\left[\ln\left|\frac{t-1}{t}\right|\right]\Big|_2^{1+e}=\ln\frac{2e}{1+e};$$

(10) $\int_0^1\frac{x+\arctan x}{1+x^2}\mathrm{d}x=\int_0^1\frac{x}{1+x^2}\mathrm{d}x+\int_0^1\frac{\arctan x}{1+x^2}\mathrm{d}x=$

$$\left[\frac{1}{2}\ln(1+x^2)\right]\Big|_0^1+\left[\frac{1}{2}\arctan^2 x\right]\Big|_0^1=$$

$$\frac{1}{2}\ln 2+\frac{\pi^2}{32};$$

(11) $\int_0^1\ln(1+x^2)\mathrm{d}x=\left[x\ln(1+x^2)\right]\Big|_0^1-\int_0^1 x\mathrm{d}\ln(1+x^2)=\ln 2-\int_0^1\frac{2x^2}{1+x^2}\mathrm{d}x=$

$$\ln 2-\int_0^1\frac{2x^2}{1+x^2}\mathrm{d}x=\ln 2-\int_0^1\left(2-\frac{2}{1+x^2}\right)\mathrm{d}x=$$

$$\ln 2-\left[2x-2\arctan x\right]\Big|_0^1=\ln 2-2+\frac{\pi}{2};$$

(12) $\int_0^{\frac{\pi}{4}}\frac{x}{\cos^2 x}\mathrm{d}x=\int_0^{\frac{\pi}{4}}x\mathrm{d}(\tan x)=\left[x\tan x\right]\Big|_0^{\frac{\pi}{4}}-\int_0^{\frac{\pi}{4}}\tan x\mathrm{d}x=$

$$\frac{\pi}{4}+\left[\ln\cos x\right]\Big|_0^{\frac{\pi}{4}}=\frac{\pi}{4}+\ln\frac{\sqrt{2}}{2}.$$

3. 利用函数的奇偶性,计算下列积分.

(1) $\int_{-\pi}^{\pi}x^4\sin x\mathrm{d}x$;　　(2) $\int_{-\frac{1}{2}}^{\frac{1}{2}}\frac{x+(\arcsin x)^2}{\sqrt{1-x^2}}\mathrm{d}x$;

(3) $\int_{-2}^{2}\frac{x^3\sin^2 x+x}{x^4+2x^2+1}\mathrm{d}x$;　　(4) $\int_{-1}^{1}\left(\sin 3x\tan^2 x-\frac{x^3}{\sqrt{1+x^2}}+x^2\right)\mathrm{d}x$.

解　(1) 因为 $x^4\sin x$ 在 $[-\pi,\pi]$ 上是奇函数,所以 $\int_{-\pi}^{\pi}x^4\sin x\mathrm{d}x=0$;

(2) 因为在$[-\frac{1}{2},\frac{1}{2}]$上，$\frac{x}{\sqrt{1-x^2}}$是奇函数，$\frac{(\arcsin x)^2}{\sqrt{1-x^2}}$是偶函数，所以

$$\text{原式}=\int_{-\frac{1}{2}}^{\frac{1}{2}}\frac{x}{\sqrt{1-x^2}}dx+\int_{-\frac{1}{2}}^{\frac{1}{2}}\frac{(\arcsin x)^2}{\sqrt{1-x^2}}dx=2\int_0^{\frac{1}{2}}(\arcsin x)^2 d\arcsin x=$$

$$\left[\frac{2}{3}(\arcsin x)^3\right]\Big|_0^{\frac{1}{2}}=\frac{\pi^3}{324}$$

(3) 因为$\frac{x^3\sin^2x+x}{x^4+2x^2+1}$是奇函数，所以$\int_{-2}^{2}\frac{x^3\sin^2x+x}{x^4+2x^2+1}=0$；

(4) 因为$\sin 3x\tan^2x-\frac{x^3}{\sqrt{1+x^2}}$是奇函数，所以$\int_{-1}^{1}(\sin 3x\tan^2x-\frac{x^3}{\sqrt{1+x^2}})dx=0$，于是$\int_{-1}^{1}(\sin 3x\tan^2x-\frac{x^3}{\sqrt{1+x^2}}+x^2)dx=\int_{-1}^{1}x^2dx=\frac{2}{3}$.

4. 设函数$f(x)$在$[a,b]$上连续，证明：$\int_a^b f(a+b-x)dx=\int_a^b f(x)dx$.

证　令$a+b-x=u$，则$\int_a^b f(a+b-x)dx=\int_b^a f(u)d(-u)=\int_a^b f(u)du$，因此

$$\int_a^b f(a+b-x)dx=\int_a^b f(x)dx$$

习题5.4解答

1. 讨论下列各广义积分的敛散性，如果收敛，则计算其值.

(1) $\int_0^{+\infty}xe^{-x^2}dx$；　　(2) $\int_e^{+\infty}\frac{1}{x\ln^2x}dx$；

(3) $\int_1^{+\infty}\frac{1}{\sqrt{x}}dx$；　　(4) $\int_{-\infty}^{+\infty}\frac{1}{2+2x+x^2}dx$；

(5) $\int_0^1\frac{x}{\sqrt{1-x^2}}dx$；　　(6) $\int_0^2\frac{dx}{(1-x)^2}$；

(7) $\int_0^2\frac{1}{x^2-4x+3}dx$；　　(8) $\int_0^2\ln x dx$；

(9) $\int_{\frac{1}{e}}^{e}|\ln x|dx$；　　(10) $\int_0^1\frac{x}{\sqrt{1-x^2}}dx$.

解　(1) 因为$\int_1^{+\infty}e^{-x}dx=[-e^{-x}]\Big|_1^{+\infty}=e^{-1}-\lim\limits_{x\to+\infty}e^{-x}=e^{-1}$，所以此广义积分收敛.

(2) 因为$\int_e^{+\infty}\frac{1}{x\ln^2x}dx=\lim\limits_{b\to+\infty}\int_e^b\frac{1}{\ln^2x}d(\ln x)=\lim\limits_{b\to+\infty}\left[-\frac{1}{\ln x}\right]\Big|_e^b=\lim\limits_{b\to+\infty}1-\frac{1}{\ln b}=1$.

(3) 因为$\int_1^{+\infty}\frac{1}{\sqrt{x}}dx=\lim\limits_{b\to+\infty}\int_1^b\frac{1}{\sqrt{x}}dx=\lim\limits_{b\to+\infty}[2\sqrt{x}]\Big|_1^b=\lim\limits_{b\to+\infty}2\sqrt{b}-2=\infty$，所以此广义积分发散.

(4) 因为$\int_0^{+\infty}\frac{1}{1+(1+x)^2}dx+\int_{-\infty}^{0}\frac{1}{1+(1+x)^2}dx=[\arctan(1+x)]\big|_0^{+\infty}+[\arctan(1+x)]\big|_{-\infty}^{0}=\pi$,所以此广义积分收敛.

(5) 因为$\int_0^1\frac{x}{\sqrt{1-x^2}}dx=[-\sqrt{1-x^2}]\big|_0^1=1$,所以此广义积分收敛.

(6) 因为$\lim\limits_{x\to1}\frac{1}{(1-x)^2}=+\infty$,所以$x=1$是瑕点,$\lim\limits_{\varepsilon\to0^+}\int_0^{1-\varepsilon}\frac{dx}{(1-x)^2}=\lim\limits_{\varepsilon\to0^+}[\frac{1}{1-x}]\Big|_0^{1-\varepsilon}=\lim\limits_{\varepsilon\to0^+}(\frac{1}{\varepsilon}-1)=\infty$,故广义积分$\int_0^2\frac{dx}{(1-x)^2}$发散.

(7) 因为$\lim\limits_{x\to1}\frac{1}{(x-1)(x-3)}=+\infty$,所以$x=1$是瑕点.

$$\lim_{\varepsilon\to0^+}\int_0^{1-\varepsilon}\frac{dx}{x^2-4x+3}=\lim_{\varepsilon\to0^+}\frac{1}{2}\int_0^{1-\varepsilon}(\frac{1}{x-3}-\frac{1}{x-1})dx=\lim_{\varepsilon\to0^+}[\frac{1}{2}\ln\frac{x-3}{x-1}]\Big|_0^{1-\varepsilon}=\infty$$

故广义积分$\int_0^2\frac{1}{x^2-4x+3}dx$发散.

(8) 因为$\lim\limits_{x\to0}\ln x=\infty$,所以$x=0$是瑕点.

$$\begin{aligned}\lim_{\eta\to0^+}\int_\eta^2\ln x dx=\lim_{\eta\to0^+}([x\ln x]\big|_\eta^2-\int_\eta^2dx)=\lim_{\eta\to0^+}2\ln2-2-\eta\ln\eta+\eta=\\2\ln2-2-\lim_{\eta\to0^+}\eta\ln\eta=\\2\ln2-2-\lim_{\eta\to0^+}\frac{\ln\eta}{\frac{1}{\eta}}=2\ln2-2.\end{aligned}$$

(9) $\int_{\frac{1}{e}}^{e}|\ln x|dx=\int_{\frac{1}{e}}^{1}-\ln x dx+\int_1^e\ln x dx=[-x\ln x]\big|_{\frac{1}{e}}^{1}+\int_{\frac{1}{e}}^{1}dx+[x\ln x]\big|_1^e-\int_1^e dx=2-\frac{2}{e}$.

(10) $\int_0^1\frac{x}{\sqrt{1-x^2}}dx=-\frac{1}{2}\int_0^1\frac{d(1-x^2)}{\sqrt{1-x^2}}=-[\sqrt{1-x^2}]\big|_0^1=1$.

2. 求k为何值时,广义积分$\int_2^{+\infty}\frac{dx}{x(\ln x)^k}$收敛?当$k$为何值时,该广义积分发散?

解　当$k=1$时,有

$$\int_2^{+\infty}\frac{1}{x(\ln x)^k}dx=\int_2^{+\infty}\frac{1}{\ln x}d(\ln x)=[\ln|\ln x|]\big|_2^{+\infty}=+\infty$$

当$k\neq1$时,有

$$\int_2^{+\infty}\frac{1}{x(\ln x)^k}dx=\int_2^{+\infty}\frac{1}{(\ln x)^k}d(\ln x)=[\frac{(\ln x)^{1-k}}{1-k}]\Big|_2^{+\infty}=\begin{cases}+\infty, & k<1\\ \frac{(\ln x)^{1-k}}{k-1}, & k>1\end{cases}$$

因此当$k>1$时,此反常积分收敛,其值为$\frac{(\ln x)^{1-k}}{k-1}$;当$k\leqslant1$时,此反常积分发散.

3. 求 c 的值，使 $\lim\limits_{x\to+\infty}\dfrac{x+c^x}{x-c}=\int_{-\infty}^{c}te^{2t}\mathrm{d}t$.

解　$\lim\limits_{x\to+\infty}\left(\dfrac{x+c}{x-c}\right)^x=\lim\limits_{x\to+\infty}\left[\left(1+\dfrac{2c}{x-c}\right)^{\frac{x-c}{2c}}\right]^{2c}\cdot\left(1+\dfrac{2c}{x-c}\right)^c=\mathrm{e}^{2c}$

$$\int_{-\infty}^{c}te^{2t}\mathrm{d}t=\int_{-\infty}^{c}t\mathrm{d}\left(\frac{\mathrm{e}^{2t}}{2}\right)=\left[t\frac{\mathrm{e}^{2t}}{2}\right]\Big|_{-\infty}^{c}-\int_{-\infty}^{c}\frac{\mathrm{e}^{2t}}{2}\mathrm{d}t=\frac{c\mathrm{e}^{2c}}{2}-\left[\frac{\mathrm{e}^{2t}}{4}\right]\Big|_{-\infty}^{c}=\frac{c\mathrm{e}^{2c}}{2}-\frac{\mathrm{e}^{2c}}{4}$$

因为 $\lim\limits_{x\to+\infty}\left(\dfrac{x+c}{x-c}\right)^x=\int_{-\infty}^{c}te^{2t}\mathrm{d}t$，所以 $\mathrm{e}^{2c}=\dfrac{c\mathrm{e}^{2c}}{2}-\dfrac{\mathrm{e}^{2c}}{4}$，于是 $c=\dfrac{5}{2}$.

习题 5.5 解答

1. 计算.

(1) 求由曲线 $y=\dfrac{1}{x}$，直线 $y=x$，直线 $x=2$ 所围成的图形的面积；

(2) 求由曲线 $y^2=2x$ 与直线 $y=4-x$ 所围成的图形的面积；

(3) 求曲线 $y=x^2+1$ 在区间 $[0,2]$ 上的曲边梯形的面积；

(4) 求由曲线 $y=4-x^2$ 与 x 轴所围成的图形的面积；

(5) 求由曲线 $y=x^2$ 与直线 $y=2x-1$ 及 x 轴所围成的图形的面积；

(6) 求由曲线 $y=x^2$ 与直线 $y=x$ 及 $y=2x$ 所围成的图形的面积.

解　(1) 直线 $y=x$ 与曲线 $y=\dfrac{1}{x}$ 的交点为 $(1,1)$，如图 6 所示. 所求面积为

$$A=\int_1^2\left(x-\frac{1}{x}\right)\mathrm{d}x=\left[\frac{x^2}{2}-\ln x\right]\Big|_1^2=\frac{3}{2}-\ln 2$$

(2) 直线 $y=4-x$ 与曲线 $y^2=2x$ 的交点为 $(2,2)$，$(8,-4)$，如图 7 所示，所求面积为

$$A=\int_{-4}^{2}\left[(4-y)-\frac{y^2}{2}\right]\mathrm{d}y=\left[4y-\frac{y^2}{2}-\frac{y^3}{6}\right]\Big|_{-4}^{2}=18$$

(3) 所求面积为

$$A=\int_0^2(x^2+1)\mathrm{d}x=\left[\frac{x^3}{3}+x\right]\Big|_0^2=\frac{14}{3}$$

(4) 所求面积为

$$A=\int_{-2}^{2}(4-x^2)\mathrm{d}x=\left[4x-\frac{x^3}{3}\right]\Big|_{-2}^{2}=\frac{32}{3}$$

(5) 直线 $y=2x-1$ 与曲线 $y=x^2$ 的交点为 $(1,1)$，直线 $y=2x-1$ 与 x 轴的交点是 $\left(\dfrac{1}{2},0\right)$，所求面积为

$$A=\int_0^1x^2\mathrm{d}x-\int_{\frac{1}{2}}^{1}(2x-1)\mathrm{d}x=\left[\frac{x^3}{3}\right]\Big|_0^1-\left[x^2-x\right]\Big|_{\frac{1}{2}}^{1}=\frac{1}{12}$$

(6) 直线 $y=x$ 与曲线 $y=x^2$ 的交点为 $(0,0)$，$(1,1)$，直线 $y=2x$ 与曲线 $y=x^2$ 的交点为 $(0,0)$，$(2,4)$，如图 8 所示，所求面积为

$$A=\int_0^1(2x-x)\mathrm{d}x+\int_1^2(2x-x^2)\mathrm{d}x=\left[\frac{x^2}{2}\right]\Big|_0^1-\left[x^2-\frac{x^3}{3}\right]\Big|_1^2=\frac{7}{6}$$

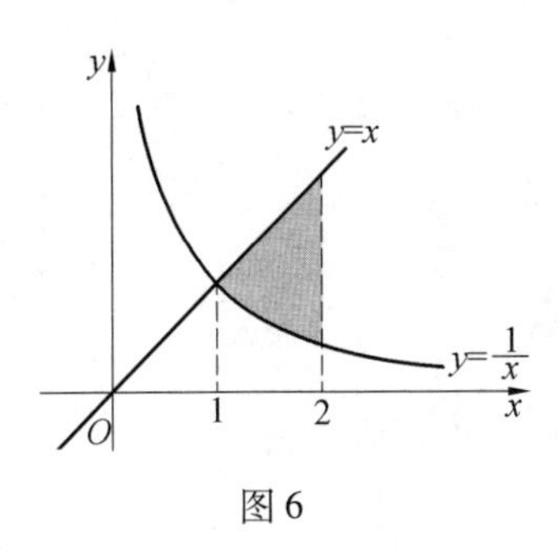

图6

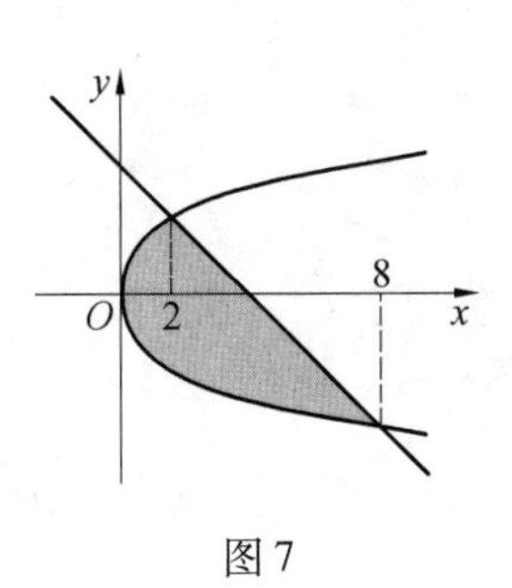

图7

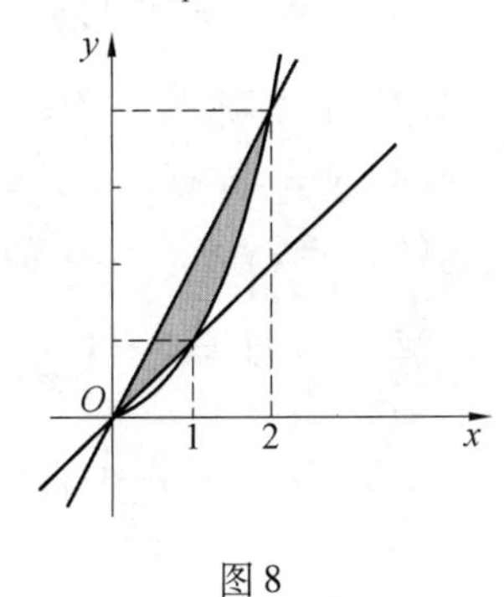

图8

2. 计算由下列各曲线所围成的图形的面积.

(1) $r=2a\cos\theta, a>0$;

(2) $r=2a(2+\cos\theta), a>0$;

(3) $r=3\cos\theta$ 与 $r=1+\cos\theta$ 所围的图形.

(4) 计算由曲线 $r=\mathrm{e}^{2\theta}$ 及 $\theta=0, \theta=\frac{\pi}{4}$ 所围成图形的面积.

解　(1) 因为 $a>0$,且 $r\geqslant 0$,所以 $\cos\theta\geqslant 0$,从而 $-\frac{\pi}{2}\leqslant\theta\leqslant\frac{\pi}{2}$,于是所求面积为

$$A=\frac{1}{2}\int_{-\frac{\pi}{2}}^{\frac{\pi}{2}}r^2\mathrm{d}\theta=\frac{1}{2}\int_{-\frac{\pi}{2}}^{\frac{\pi}{2}}4a^2\cos^2\theta\mathrm{d}\theta=2a^2\int_0^{\frac{\pi}{2}}(1+\cos 2\theta)\mathrm{d}\theta=\pi a^2$$

(2) 显然方程的图形关于 x 轴对称,由极坐标的面积公式,得

$$A=2\cdot\frac{1}{2}\int_0^{\pi}r^2\mathrm{d}\theta=\int_0^{\pi}4a^2(2+\cos\theta)^2\mathrm{d}\theta=4a^2\int_0^{\pi}(4+4\cos\theta+\cos^2\theta)\mathrm{d}\theta=$$

$$4a^2\left[4\theta+4\sin\theta+\frac{1}{2}\left(\theta+\frac{1}{2}\sin 2\theta\right)\right]\Big|_0^{\pi}=18\pi a^2$$

(3) 如图9所示,公共部分为心形线与圆所围成,解方程组

$\begin{cases}r=3\cos\theta\\ r=1+\cos\theta\end{cases}$,得交点为$\left(\frac{3}{2}, \pm\frac{\pi}{3}\right)$,由对称性,得

$$A=A_1+A_2=2\left[\frac{1}{2}\int_0^{\frac{\pi}{3}}(1+\cos\theta)^2\mathrm{d}\theta+\frac{1}{2}\int_{\frac{\pi}{3}}^{\frac{\pi}{2}}(3\cos\theta)^2\mathrm{d}\theta\right]=$$

$$\int_0^{\frac{\pi}{3}}\left(1+2\cos\theta+\frac{1+\cos 2\theta}{2}\right)\mathrm{d}\theta+$$

$$9\int_{\frac{\pi}{3}}^{\frac{\pi}{2}}\frac{1+\cos 2\theta}{2}\mathrm{d}\theta=\frac{5}{4}\pi$$

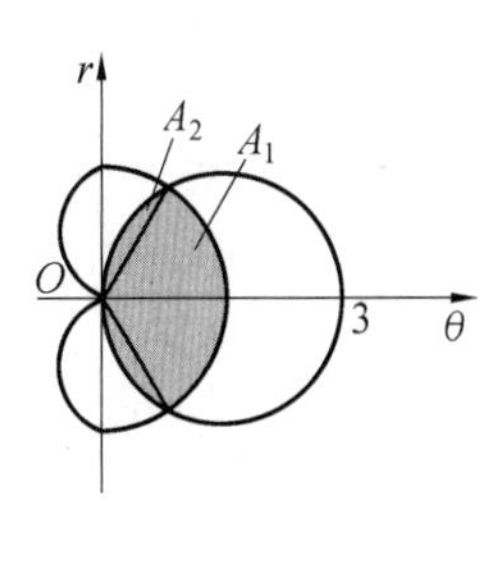

图9

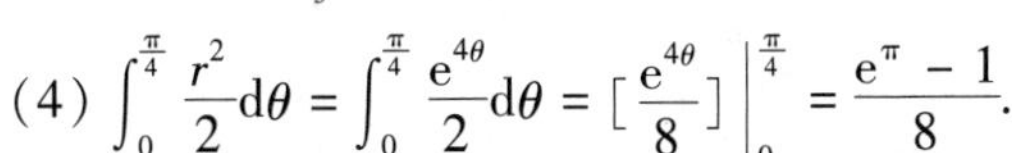

(4) $\int_0^{\frac{\pi}{4}}\frac{r^2}{2}\mathrm{d}\theta=\int_0^{\frac{\pi}{4}}\frac{\mathrm{e}^{4\theta}}{2}\mathrm{d}\theta=\left[\frac{\mathrm{e}^{4\theta}}{8}\right]\Big|_0^{\frac{\pi}{4}}=\frac{\mathrm{e}^{\pi}-1}{8}$.

3. 求下列曲线所围成的图形绕 x 轴旋转所得旋转体的体积.

(1) $xy=1,x=1,x=2$ 与 x 轴;

(2) $y=2x-x^2$ 与 $y=\frac{x}{2}$;

(3) 上半圆 $x^2+y^2=2$ 与 $y=x^2$;

(4) $y=\sin x(0\leqslant x\leqslant \pi)$ 与 x 轴;

(5) $y=2x-x^2$ 与 x 轴.

解　(1) $V=\int_1^2 \pi\left(\frac{1}{x}\right)^2 \mathrm{d}x=\left[-\frac{\pi}{x}\right]\Big|_1^2=\frac{\pi}{2}$;

(2) 直线 $y=\frac{x}{2}$ 与曲线 $y=2x-x^2$ 的交点为 $(0,0)$, $\left(\frac{3}{2},\frac{3}{4}\right)$, 则

$$V=\int_0^{\frac{3}{2}} \pi(2x-x^2)^2 \mathrm{d}x-\int_0^{\frac{3}{2}} \pi\left(\frac{x}{2}\right)^2 \mathrm{d}x=$$

$$\int_0^{\frac{3}{2}} \pi\left[(2x-x^2)^2-\left(\frac{x}{2}\right)^2\right] \mathrm{d}x=$$

$$\pi\left[\frac{5}{4}x^3-x^4+\frac{x^5}{5}\right]\Big|_0^{\frac{3}{2}}=\frac{27}{40}\pi$$

(3) 圆与抛物线的交点为 $(1,1)$, $(-1,1)$, 则

$$V=\int_{-1}^1 \pi(2-x^2-x^4)\mathrm{d}x=\pi\left[2x-\frac{x^3}{3}-\frac{x^5}{5}\right]\Big|_{-1}^1=\frac{44}{15}\pi$$

(4) $V=\int_0^{\pi} \pi \sin^2 x \mathrm{d}x=\pi\int_0^{\pi} \frac{1-\cos 2x}{2}\mathrm{d}x=\pi\left[\frac{x}{2}-\frac{\sin 2x}{4}\right]\Big|_0^{\pi}=\frac{\pi^2}{2}$;

(5) $V=\int_0^2 \pi(2x-x^2)^2 \mathrm{d}x=\pi\left[\frac{4}{3}x^3-x^4+\frac{x^5}{5}\right]\Big|_0^2=\frac{16}{5}\pi$.

4. 求下列曲线所围成的图形分别绕 x 轴、y 轴旋转所得旋转体的体积.

(1) $y=x^3,x=2$ 以及 $y=0$;

(2) $y=\sqrt{x},x=1$ 以及 $x=4,y=0$;

(3) $y=\sin x,x=\frac{\pi}{2}$ 以及 $y=0$;

(4) $y=\ln x,x=\mathrm{e}$ 以及 $y=0$.

解　(1)

$$V_x=\int_0^2 \pi(x^3)^2 \mathrm{d}x=\pi\left[\frac{x^7}{7}\right]\Big|_0^2=\frac{128}{7}\pi$$

$$V_y=\int_0^8 \pi(4-y^{\frac{2}{3}})\mathrm{d}y=\pi\left[4\pi y-\frac{3}{5}\pi y^{\frac{5}{3}}\right]\Big|_0^8=\frac{64}{5}\pi$$

(2)

$$V_x=\int_1^4 \pi(\sqrt{x})^2 \mathrm{d}x=\pi\left[\frac{x^2}{2}\right]\Big|_1^4=\frac{15}{2}\pi$$

$$V_y=\int_0^2 \pi 4^2 \mathrm{d}y-\int_1^2 \pi y^4 \mathrm{d}y-\int_0^1 \pi 1^2 \mathrm{d}y=\frac{124}{5}\pi$$

(3)　$V_x=\int_0^{\frac{\pi}{2}} \pi \sin^2 x \mathrm{d}x=\pi\int_0^{\frac{\pi}{2}} \frac{1-\cos 2x}{2}\mathrm{d}x=\pi\left[\frac{x}{2}-\frac{\sin 2x}{4}\right]\Big|_0^{\frac{\pi}{2}}=\frac{\pi^2}{4}$

$$V_y = \int_0^1 \pi[(\frac{\pi}{2})^2 - \arcsin^2 y]\mathrm{d}y = \frac{\pi^3}{4} - \pi\int_0^1 \arcsin^2 y\mathrm{d}y =$$

$$\frac{\pi^3}{4} - \pi[y\arcsin^2 y]\Big|_0^1 + \pi\int_0^1 2y\arcsin y\frac{1}{\sqrt{1-y^2}}\mathrm{d}y =$$

$$2\pi\int_0^1 \arcsin y\mathrm{d}(-\sqrt{1-y^2}) =$$

$$2\pi[(-\sqrt{1-y^2})\arcsin y]\Big|_0^1 + 2\pi\int_0^1 \sqrt{1-y^2}\cdot\frac{1}{\sqrt{1-y^2}}\mathrm{d}y = 2\pi$$

(4) $$V_x = \int_1^e \pi(\ln x)^2\mathrm{d}x = \pi[x\ln^2 x]\Big|_1^e - \pi\int_1^e 2x\ln x\cdot\frac{1}{x}\mathrm{d}x =$$

$$e\pi - 2\pi[x\ln x]\Big|_1^e + 2\pi\int_1^e x\cdot\frac{1}{x}\mathrm{d}x = (e-2)\pi$$

$$V_y = \int_0^1 \pi(e^2 - e^{2y})\mathrm{d}y = \pi[e^2 y - \frac{e^{2y}}{2}]\Big|_0^1 = \frac{\pi}{2}(e^2+1)$$

5. 计算下列曲线的弧长.

(1) $y = x^{\frac{3}{2}}, 0 \leqslant x \leqslant 4$;

(2) $y = \frac{1}{3}\sqrt{x}(3-x), 1 \leqslant x \leqslant 3$;

(3) $x = 2t^2, y = t^3, 0 \leqslant t \leqslant 1$;

(4) $\begin{cases} x = t - \sin t \\ y = 1 - \cos t \end{cases}, 0 \leqslant t \leqslant 2\pi$;

(5) $r = a(1+\cos\theta), 0 \leqslant \theta \leqslant 2\pi$.

解 (1) $L = \int_0^4 \sqrt{1+y'^2}\mathrm{d}x = \int_0^4 \sqrt{1+\frac{9}{4}x}\mathrm{d}x = \frac{4}{9}\times\frac{2}{3}[(1+\frac{9}{4}x)^{\frac{3}{2}}]\Big|_0^4 = \frac{10\sqrt{10}-8}{27}$;

(2) $L = \int_1^3 \sqrt{1+y'^2}\mathrm{d}x = \int_1^3 \sqrt{1+(\frac{1}{2\sqrt{x}}-\frac{\sqrt{x}}{2})^2}\mathrm{d}x = \int_1^3 (\frac{\sqrt{x}}{2}+\frac{1}{2\sqrt{x}})\mathrm{d}x =$

$$[\frac{1}{3}x^{\frac{3}{2}} + \sqrt{x}]\Big|_1^3 = 2\sqrt{3} - \frac{4}{3};$$

(3) $L = \int_0^1 \sqrt{(x_t')^2 + (y_t')^2}\mathrm{d}t = \int_0^1 \sqrt{16t^2+9t^4}\mathrm{d}t = \frac{1}{18}\times\frac{2}{3}[(16+9t^2)^{\frac{3}{2}}]\Big|_0^1 = \frac{61}{27}$;

(4) $L = \int_0^{2\pi} \sqrt{(x_t')^2 + (y_t')^2}\mathrm{d}t = \int_0^{2\pi} \sqrt{(1-\cos t)^2 + \sin^2 t}\mathrm{d}t =$

$$2\int_0^{2\pi} \sin\frac{t}{2}\mathrm{d}t = 4[-\cos\frac{t}{2}]\Big|_0^{2\pi} = 8;$$

(5) $L = \int_0^{2\pi} \sqrt{r^2 + r'^2}\mathrm{d}\theta = \int_0^{2\pi} \sqrt{a^2(1+\cos\theta)^2 + a^2\sin^2\theta}\mathrm{d}\theta =$

$$2a\int_0^{\pi} \cos\frac{\theta}{2}\mathrm{d}\theta - 2a\int_{\pi}^{2\pi} \cos\frac{\theta}{2}\mathrm{d}\theta = 4a[\sin\frac{\theta}{2}]\Big|_0^{\pi} - 4a[\sin\frac{\theta}{2}]\Big|_{\pi}^{2\pi} = 8a.$$

6. 求由曲线 $y = \sqrt{2x}$ 与它在点(2,2)处的切线以及 x 轴所围成的图形的面积.

解　曲线在点(2,2)处的切线为 $y-2=y'(x-2)$，即 $y=\frac{x}{2}+1$，此切线与 x 轴的交点为 $(-2,0)$，于是所求面积为

$$A=\int_{-2}^{2}(\frac{x}{2}+1)\mathrm{d}x-\int_{0}^{2}\sqrt{2x}\,\mathrm{d}x=[\frac{x^2}{4}+x]\Big|_{-2}^{2}-[\frac{1}{3}(2x)^{\frac{3}{2}}]\Big|_{0}^{2}=\frac{4}{3}$$

7. 求由 $xy=3$ 与 $x+y=4$ 所围成的图形绕 y 轴旋转所得的体积.

解　曲线与直线的交点是(1,3),(3,1)，所求体积为

$$V_y=\int_{1}^{3}\pi[(4-y)^2-(\frac{3}{y})^2]\mathrm{d}y=\frac{8}{3}\pi$$

习题5.6解答

1. 由实验知道，弹簧在拉伸过程中，拉力与弹簧的伸长量成正比，已知弹簧拉伸1 cm需要的力是3 N，如果把弹簧拉伸3 cm，计算需要做的功.

解　设拉力 $F=kx$（k 是常数，x 是弹簧伸长量），且有 $3=0.01k$，于是 $k=300$，故 $F=300x$，于是所求拉力做功为

$$W=\int_{0}^{3}F\mathrm{d}x=\int_{0}^{3}300x\mathrm{d}x=[\frac{300}{2}x^2]\Big|_{0}^{3}=0.135\ (\mathrm{J})$$

2. 一只弹簧的自然长度为0.6 m，19 N的力使它伸长到1 m，问使弹簧从0.9 m伸长到1.1 m需要做多少功？

解　设拉力 $F=kx$（k 是常数，x 是弹簧伸长量），且有 $19=k(1-0.6)$，于是 $k=\frac{95}{2}$，故 $F=\frac{95}{2}x$，于是所求拉力做功为

$$W=\int_{0.3}^{0.5}F\mathrm{d}x=\int_{0.3}^{0.5}\frac{95}{2}x\mathrm{d}x=[\frac{95}{4}x^2]\Big|_{0.3}^{0.5}=3.8\ (\mathrm{J})$$

3. 直径为20 cm，高为80 cm的圆柱形容器内充满压强为10 N/cm² 的蒸汽，设温度保持不变，要使蒸汽体积缩小一半，问需要做多少功？

解　建立坐标系如图10所示，由物理学知识可知，一定量的气体在等温条件下，压强 p 与体积 V 的乘积是常数 k，即

$$pV=k\quad 或\quad p=\frac{k}{V}$$

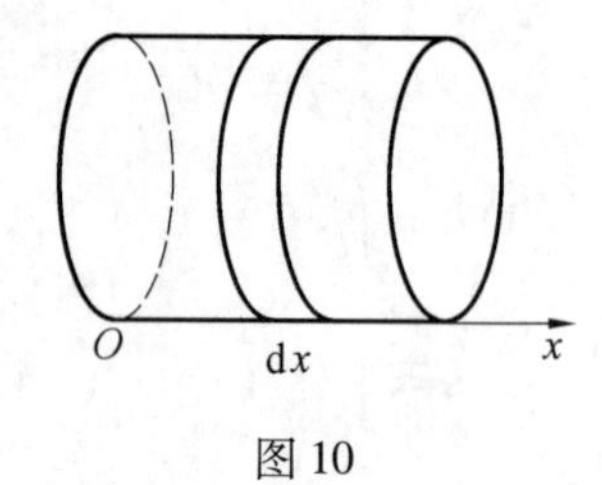

图10

因为 $V=xS,S=100\pi\ (\mathrm{cm}^2)$，所以 $p=\frac{k}{100\pi x}$.

且当 $x=80$ cm时，$p=10\ \mathrm{N/cm^2}$，从而 $k=8\times10^4\pi$，

故 $p=\frac{800}{\pi x}$. 于是需要做功为

$$W=\int_{80}^{40}F\mathrm{d}x=\int_{80}^{40}p\cdot S\mathrm{d}(-x)=\int_{40}^{80}\frac{8\times10^4}{x}\mathrm{d}x=$$
$$8\times10^4\ln 2\ (\mathrm{N\cdot cm})=800\ln 2\ (\mathrm{J})$$

4. 一物体按规律 $x = ct^3$ 做直线运动，媒质的阻力与速度的平方成正比，计算物体从 $x = 0$ 移至 $x = a$ 时，克服媒质阻力所做的功.

解　$W = \int_0^a F\mathrm{d}x = \int_0^{\sqrt[3]{\frac{a}{c}}} 9kc^2t^4\mathrm{d}(ct^3) = \int_0^{\sqrt[3]{\frac{a}{c}}} 27kc^3t^6\mathrm{d}t = \frac{27}{7}kc^{\frac{2}{3}}a^{\frac{7}{3}}.$

5. 用铁锤将一铁钉击入木板，设木板对铁钉的阻力与铁钉击入木板的深度成正比，在击第一次时，将铁钉击入 1 cm，如果铁锤每次打击铁钉所做的功相等，问铁锤击第二次时铁钉又被击入多少？

解　建立坐标系如图 11 所示，设铁锤第二次将铁钉击入到 x cm，第一次做功为

$$W_1 = \int_0^1 F\mathrm{d}x = \int_0^1 kx\mathrm{d}x = \left[\frac{k}{2}x^2\right]\Big|_0^1 = \frac{k}{2}$$

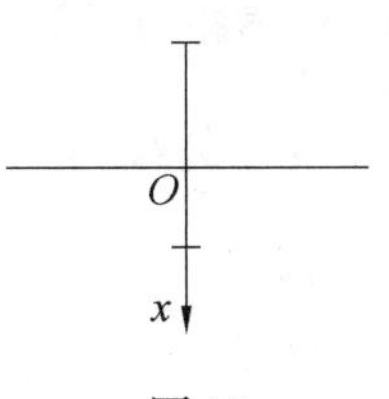

图 11

第二次做功为

$$W_2 = \int_1^x F\mathrm{d}x = \int_1^x kx\mathrm{d}x = \left[\frac{k}{2}x^2\right]\Big|_1^x = \frac{k}{2}x^2 - \frac{k}{2}$$

由 $W_1 = W_2$，得 $\frac{k}{2} = \frac{k}{2}x^2 - \frac{k}{2}$，于是 $x_1 = \sqrt{2}$，$x_2 = -\sqrt{2}$（舍去）.

因此第二次铁钉又被击入 $(\sqrt{2} - 1)$ cm.

6. 一半径为 3 m 的球形水箱内有一半容量的水，现要将水抽到水箱顶端上方 7 m 高处，问需要做多少功？

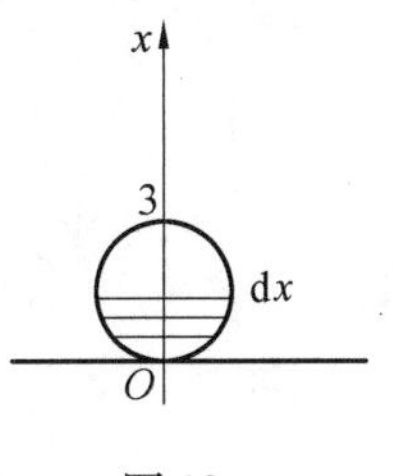

图 12

解　建立坐标系如图 12 所示，于是所求功为

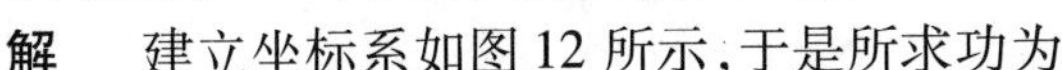

$$W = \int_0^3 \pi g[9 - (3 - x)^2](13 - x)\mathrm{d}x =$$

$$\pi g\int_0^3 (78x - 19x^2 + x^3)\mathrm{d}x = \frac{801}{4}\pi g\ (\mathrm{kJ})$$

7. 边长为 a 和 b 的矩形薄板，与液面成 δ 角斜沉于液体内，长边平行于液面而位于深 h 处，设 $a > b$，液体的密度为 ρ，试求薄板每面所受的压力.

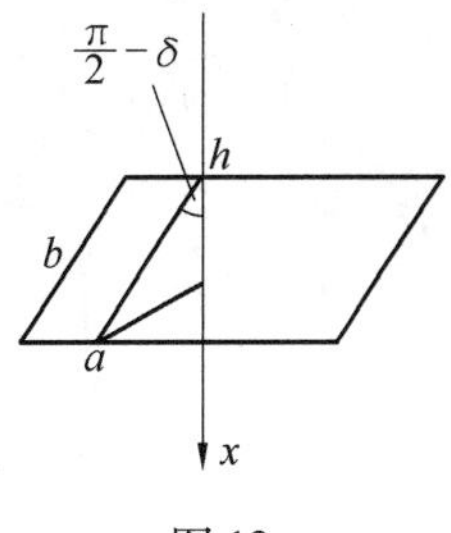

图 13

解　建立坐标系如图 13 所示，由物理学知识可知，在水深为 h 处的压强为 $P = \rho gh$，于是有

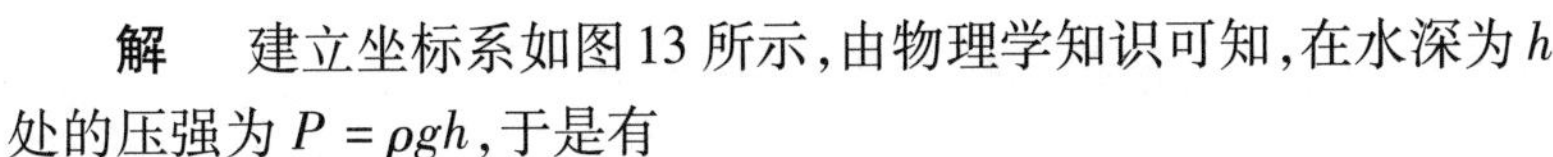

$$F = \int_h^{h+b\sin\delta} \rho gx\frac{a\mathrm{d}x}{\sin\delta} = \frac{a\rho g}{\sin\delta}\left[\frac{x^2}{2}\right]\Big|_h^{h+b\sin\delta} = \frac{ab\rho g}{2}(2h + b\sin\delta)$$

8. 计算函数 $y = \sqrt{a^2 - x^2}$ 在 $[-a, a]$ 上的平均值.

解　由积分中值定理，得 $\int_{-a}^a y\mathrm{d}x = 2a\bar{y}$，于是平均值为

$$\bar{y} = \frac{1}{2a}\int_{-a}^a \sqrt{a^2 - x^2}\mathrm{d}x \xlongequal{x = a\sin t} \frac{1}{2a}\int_{-\frac{\pi}{2}}^{\frac{\pi}{2}} a\cos t \cdot a\cos t\mathrm{d}t = \frac{\pi a}{4}$$

9. 物体以速度 $v = 3t^2 + 2t$ (m/s) 做直线运动，计算它在 $t = 0$ s 到 $t = 3$ s 内的平均速度.

解　由积分中值定理,得$\int_0^3 v\mathrm{d}x = 3\bar{v}$,于是平均速度为

$$\bar{v} = \frac{1}{3}\int_0^3 (3t^2 + 2t)\mathrm{d}t = \frac{1}{3}\left[t^3 + t^2\right]\Big|_0^3 = 12$$

5.4　验收测试题

1. 填空题.

(1) 设$f(x) = \int_0^{1-\cos x}\sin t^2\mathrm{d}t$,$g(x) = \frac{x^5}{5} + \frac{x^6}{6}$,则当$x \to 0$时,$f(x)$是$g(x)$的________无穷小.

(2) $\lim\limits_{x\to 0}\frac{\int_0^x \arctan t\mathrm{d}t}{3x^2} =$________.

(3) 设$f(x)$为连续函数,则$\frac{\mathrm{d}}{\mathrm{d}x}\int_x^{x^2} f(t)\mathrm{d}t =$________.

(4) 极限$\lim\limits_{x\to 0}\frac{\int_{x^2}^0 \sin t^2\mathrm{d}t}{x^6} =$________.

(5) 定积分$\int_0^2 \sqrt{4 - x^2}\mathrm{d}x =$________.

(6) 定积分$\int_0^{2\pi} |\sin x|\mathrm{d}x =$________.

(7) 设$f(x) = \begin{cases} x, & 0 \leqslant x \leqslant 1 \\ \frac{1}{x^2}, & 1 \leqslant x \leqslant 2 \end{cases}$,则$\int_0^2 f(x)\mathrm{d}x =$________.

(8) 定积分$\int_{\frac{1}{2}}^1 \frac{1}{x^2}\mathrm{e}^{\frac{1}{x}}\mathrm{d}x =$________.

(9) 设$a > 0$,$f(x)$在$[-a,a]$上连续,则$\int_{-a}^a xf(\sin^8 x)\mathrm{d}x =$________.

(10) 反常积分$\int_{\mathrm{e}}^{+\infty}\frac{1}{x\ln^2 x}\mathrm{d}x =$________.

2. 选择题.

(1) $\int_{-2}^2 \mathrm{e}^{x^2}\mathrm{d}x =$(　　).

A. $2\mathrm{e}^4$　　B. $2(\mathrm{e}^4 - 1)$　　C. 0　　D. $2\int_0^2 \mathrm{e}^{x^2}\mathrm{d}x$

(2) 设$f(x)$连续且$I = \int_1^{st} f(tx)\mathrm{d}x$,则$I$的值(　　).

A. 依赖于x,s,t　　B. 仅依赖于x

C. 仅依赖于x,t　　D. 仅依赖于s,t

(3) 设 $I_1=\int_0^1 x^4\mathrm{d}x, I_2=\int_0^1 \sin^4 x\mathrm{d}x, I_3=\int_0^1 \tan^4 x\mathrm{d}x$,则有(　　).

A. $I_1<I_2<I_3$　　B. $I_2<I_1<I_3$

C. $I_2<I_3<I_1$　　D. $I_1<I_3<I_2$

(4) 设 $f(x)$ 在 $[0,+\infty)$ 上连续,且 $\int_1^{x^3+1} f(t)\mathrm{d}t=x^3(x+1)$,则 $f(2)=$(　　).

A. $\frac{7}{3}$　　B. 7　　C. 2　　D. 3

(5) 定积分 $\int_0^{\pi}\sqrt{1+\cos 2x}\,\mathrm{d}x$ 的值为(　　).

A. $\sqrt{2}$　　B. $2\sqrt{2}$　　C. $3\sqrt{2}$　　D. $4\sqrt{2}$

(6) 函数 $f(x)=\int_0^x (t-1)\mathrm{d}t$ 有(　　).

A. 极小值 $\frac{1}{2}$　　B. 极小值 $-\frac{1}{2}$

C. 极大值 $\frac{1}{2}$　　D. 极大值 $-\frac{1}{2}$

(7) 下列各积分中,计算正确的是(　　).

A. $\int_{-1}^{1}\frac{1}{x^2}\mathrm{d}x=\left(-\frac{1}{x}\right)\Big|_{-1}^{1}=-2$　　B. $\int_{-\frac{\pi}{2}}^{\frac{\pi}{2}}\sin x\mathrm{d}x=2\int_0^{\frac{\pi}{2}}\sin x\mathrm{d}x=2$

C. $\int_0^{\pi}\cos x\mathrm{d}x=2\int_0^{\frac{\pi}{2}}\cos x\mathrm{d}x=2$　　D. $\int_{-1}^{1}\frac{1}{1+x^2}\mathrm{d}x=2\int_0^1\frac{1}{1+x^2}\mathrm{d}x=\frac{\pi}{2}$

(8) 设 a 为常数,且 $\int_0^1(2x+a)\mathrm{d}x=2$,则 $a=$(　　).

A. 0　　B. -1　　C. 1　　D. $\frac{1}{2}$

(9) 设 $f(x)$ 在 $[0,1]$ 上连续,令 $t=2x$,则 $\int_0^1 f(2x)\mathrm{d}x=$(　　).

A. $\int_0^2 f(t)\mathrm{d}t$　　B. $\frac{1}{2}\int_0^1 f(t)\mathrm{d}t$

C. $2\int_0^2 f(t)\mathrm{d}t$　　D. $\frac{1}{2}\int_0^2 f(t)\mathrm{d}t$

(10) 反常积分 $\int_2^{+\infty}\frac{1}{x\ln x}\mathrm{d}x=$(　　).

A. 0　　B. $\frac{1}{\ln 2}$　　C. $\ln\frac{1}{2}$　　D. $+\infty$

5.5　验收测试题答案

1. 填空题.

(1) 高阶;　　(2) $\frac{1}{6}$;　　(3) $2xf(x^2)-f(x)$;　　(4) $-\frac{1}{3}$;

(5) π;　(6)4;　(7) 1;　(8) $e^2 - e$;
(9) 0;　(10) 1.

2. 选择题.

(1)D;　(2)D;　(3)B;　(4)A;　(5)B;
(6)B;　(7)D;　(8)C;　(9)D;　(10)D.

5.6　课外阅读

数学史上的三次危机

1. 无理数的发现 —— 第一次数学危机

大约公元前5世纪,不可通约量的发现导致了毕达哥拉斯悖论. 当时的毕达哥拉斯学派重视自然及社会中不变因素的研究,把几何、算术、天文、音乐称为"四艺",在其中追求宇宙的和谐规律性. 他们认为:宇宙间一切事物都可归结为整数或整数之比,毕达哥拉斯学派的一项重大贡献是证明了勾股定理,但由此也发现了一些直角三角形的斜边不能表示成整数或整数之比(不可通约)的情形,如直角边长均为1的直角三角形就是如此. 这一悖论直接触犯了毕氏学派的根本信条,导致了当时认识上的"危机",从而产生了第一次数学危机.

到了公元前370年,这个矛盾被毕氏学派的欧多克斯通过给比例下新定义的方法解决了. 他处理不可通约量的方法,出现在欧几里得《原本》第5卷中. 欧多克斯和狄德金于1872年给出的无理数的解释与现代解释基本一致. 今天中学几何课本中对相似三角形的处理,仍然反映出由不可通约量带来的某些困难和微妙之处.

第一次数学危机对古希腊的数学观点有极大冲击. 这表明,几何学的某些真理与算术无关,几何量不能完全由整数及其比来表示,整数的权威地位开始动摇,而几何学的身份升高了. 此次危机也表明,直觉和经验不一定靠得住,推理证明才是可靠的,从此希腊人开始重视演绎推理,并由此建立了几何公理体系,这不得不说是数学思想上的一次巨大革命!

2. 无穷小是零吗? —— 第二次数学危机

18世纪,微分法和积分法在生产和实践中都得到了广泛而成功的应用,大部分数学家对这一理论的可靠性是毫不怀疑的.

1734年,英国哲学家贝克莱发表《分析学家》,矛头指向微积分的基础 —— 无穷小的问题,提出了所谓贝克莱悖论. 他指出:"牛顿在求 x^n 的导数时,先给 x 以增量0,应用二项式 $(x+0)^n$,从中减去 x^n 以求得增量,并除以0以求出 x^n 的增量与 x 的增量之比,然后又让0消逝,这样得出增量的最终比. 这里牛顿做了违反矛盾律的假设 —— 先设 x 有增量,又令增量为零,也即假设 x 没有增量."他认为无穷小 dx 既等于零又不等于零,召之即来,挥之即去,这是荒谬的,dx 为逝去量的关键. 无穷小量究竟是不是零? 无穷小及其分析是否合理? 由此而引起了数学界甚至哲学界长达一个半世纪的争论,导致了数学史上的第二次数学危机.

18 世纪的数学思想的确是不严密的,大都是直观的强调形式的计算而不管基础是否可靠. 其中特别是:没有清楚的无穷小概念,从而导数、微分、积分等概念也不清楚,无穷大概念不清楚,发散级数求和的任意性,符号的不严格使用,不考虑连续就进行微分,不考虑导数及积分的存在性以及函数可否展成幂级数等等.

直到 19 世纪 20 年代,一些数学家才比较关注微积分的严格基础. 从波尔查诺、阿贝尔、柯西、狄利克雷等人的工作开始,到魏尔斯特拉斯、戴德金和康托尔的工作结束,中间经历了半个多世纪, 基本上解决了矛盾,为数学分析奠定了严格的基础.

3. 悖论的产生 —— 第三次数学危机

数学史上的第三次危机,是由 1897 年的突然冲击引发的,到现在,从整体来看,还没有解决到令人满意的程度. 这次危机是由在康托尔的一般集合理论的边缘发现悖论造成的. 由于集合概念已经渗透到众多的数学分支,并且实际上集合论成了数学的基础, 因此集合论中悖论的发现自然地引起了对数学整个基本结构有效性的怀疑.

1897 年,福尔蒂揭示了集合论中的第一个悖论. 两年后,康托尔发现了很相似的悖论. 1902 年, 罗素又发现了一个悖论,它除了涉及集合概念本身外不涉及别的概念. 罗素悖论曾被以多种形式通俗化. 其中最著名的是罗素于 1919 年给出的,它涉及某村理发师的困境. 理发师宣布了这样一条原则:他给所有不给自己刮脸的人刮脸,并且,只给村里这样的人刮脸. 当人们试图回答下列疑问时, 就认识到了这种情况的悖论性质:理发师是否自己给自己刮脸? 如果他不给自己刮脸,那么他按原则就该为自己刮脸;如果他给自己刮脸,那么他就不符合他的原则.

罗素悖论使整个数学大厦动摇了. 无怪乎弗雷格在收到罗素的信之后, 在他刚要出版的《算术的基本法则》第2卷末尾写道:"一位科学家不会碰到比这更难堪的事情了, 即在工作完成之时,它的基础垮掉了,当本书等待印出的时候,罗素先生的一封信把我置于这种境地. "

承认无穷集合,承认无穷基数,就仿佛撼动了整个数学理论的基础,这就是第三次数学危机的实质. 尽管悖论可以消除,矛盾可以解决, 然而数学的确定性却在一步一步地丧失. 现代公理集合论的大堆公理, 简直难说孰真孰假,可是又不能把它们都消除掉,它们跟整个数学是血肉相连的. 所以,第三次危机表面上解决了,实质上更深刻地以其他形式延续着.

第 6 章

微分方程、差分方程初步

6.1　内容提要

1. 微分方程

(1) 微分方程的概念.

把表示自变量、未知函数及未知函数导数(或微分)的关系式,称为微分方程.

(2) 微分方程解的概念.

如果把某个函数以及它的导数代入微分方程,能使该方程成为恒等式,这个函数就叫作微分方程的解.

2. 一阶微分方程

(1) 可分离变量微分方程.

形如$\frac{dy}{dx}=f(x)\cdot g(y)$的微分方程称为可分离变量微分方程.

(2) 齐次微分方程.

形如$\frac{dy}{dx}=\varphi\left(\frac{y}{x}\right)$或$\frac{dx}{dy}=\varphi\left(\frac{x}{y}\right)$的微分方程称为齐次微分方程.

(3) 一阶线性微分方程.

一阶非齐次线性微分方程的形式为

$$\frac{dy}{dx}+P(x)y=Q(x);$$

一阶齐次线性微分方程的形式为

$$\frac{dy}{dx}+P(x)y=0.$$

3. 可降阶的二阶微分方程

(1) 形如$y''=f(x)$的微分方程.

(2) 形如$y''=f(x,y')$的微分方程.

(3) 形如$y''=f(y,y')$的微分方程.

4. 二阶线性微分方程

(1) 二阶齐次线性微分方程的一般形式.

$y'' + p_1(x)y' + p_2(x)y = f(x)$.

(2) 二阶非齐次线性微分方程的一般形式.

$y'' + p_1(x)y' + p_2(x)y = 0$.

(3) 二阶线性微分方程解的性质与结构.

5. 二阶常系数线性微分方程

(1) 二阶常系数齐次线性微分方程的一般形式.

$y'' + py' + qy = f(x)$.

(2) 二阶常系数非齐次线性微分方程的一般形式.

$y'' + py' + qy = 0$.

(3) 二阶常系数线性微分方程的解.

6. 差分方程

(1) 差分的概念.

设函数 $y = f(x)$,记为 y_x. 当 x 取遍非负整数时,函数值可以排成一个数列:$y_0, y_1, \cdots, y_x, \cdots$,则差 $y_{x+1} - y_x$ 称为 y_x 的差分,也称为一阶差分,记为 Δy_x,即 $\Delta y_x = y_{x+1} - y_x$.

(2) 差分方程的概念.

把含有自变量、未知函数以及未知函数差分的方程称为差分方程. 方程中含有未知函数差分的最高阶数称为差分方程的阶.

6.2　典型题精解

例 1　微分方程 $3y^2\mathrm{d}y + 3x^2\mathrm{d}x = 0$ 的阶是________.

解　方程中含有的微分 $\mathrm{d}x$, $\mathrm{d}y$ 都是一阶微分,所以该方程是一阶的.

例 2　求微分方程 $xy' = y(\ln y - \ln x)$ 的通解.

解　原方程化为 $\frac{\mathrm{d}y}{\mathrm{d}x} = \frac{y}{x}\ln\frac{y}{x}$,令 $u = \frac{y}{x}$,则$\frac{\mathrm{d}y}{\mathrm{d}x} = u + x\frac{\mathrm{d}u}{\mathrm{d}x}$,分离变量,得

$$\frac{\mathrm{d}u}{u(\ln u - 1)} = \frac{1}{x}\mathrm{d}x$$

积分,得

$$\ln(\ln u - 1) = \ln x + \ln C,\quad C\text{是任意常数}$$

即

$$\ln u = 1 + Cx \quad \text{或} \quad u = \mathrm{e}^{1+Cx}$$

代入 $u = \frac{y}{x}$,得 $y = x\mathrm{e}^{1+Cx}$.

例 3　求微分方程 $xy' - 2y = x^3\cos x$ 的通解.

解　原方程化为 $y' - \frac{2}{x}y = x^2\cos x$,设 $P(x) = -\frac{2}{x}$, $Q(x) = x^2\cos x$,求解得

$$y = \mathrm{e}^{-\int P(x)\mathrm{d}x}\left[\int Q(x)\mathrm{e}^{\int P(x)\mathrm{d}x}\mathrm{d}x + C\right] =$$

$$\mathrm{e}^{-\int -\frac{2}{x}\mathrm{d}x}\left[\int x^2\cos x\,\mathrm{e}^{\int -\frac{2}{x}\mathrm{d}x}\mathrm{d}x + C\right] =$$

$$x^2\left(\int x^2\cos x\cdot\frac{1}{x^2}\mathrm{d}x+C\right)=x^2(\sin x+C),\quad C\text{ 为任意常数}$$

例 4　求微分方程 $(2x-y^2)y'=2y$ 的通解.

解　原方程化为 $\frac{\mathrm{d}x}{\mathrm{d}y}-\frac{1}{y}x=-\frac{1}{2}y$,设 $P(y)=-\frac{1}{y}$,$Q(y)=-\frac{1}{2}y$,求解得

$$x=\mathrm{e}^{-\int P(y)\mathrm{d}y}\left[\int Q(y)\mathrm{e}^{\int P(y)\mathrm{d}y}\mathrm{d}y+C\right]=$$

$$\mathrm{e}^{-\int -\frac{1}{y}\mathrm{d}x}\left(\int-\frac{1}{2}y\mathrm{e}^{\int-\frac{1}{y}\mathrm{d}x}\mathrm{d}y+C\right)=y\left(-\frac{1}{2}y+C\right),\quad C\text{ 为任意常数}$$

所求通解为 $x=-\frac{1}{2}y^2+Cy$.

例 5　求微分方程 $yy''+(y')^2=0$ 的通解.

解　令 $y'=p(y)$,则 $y''=\frac{\mathrm{d}p}{\mathrm{d}x}=\frac{\mathrm{d}p}{\mathrm{d}y}\cdot\frac{\mathrm{d}y}{\mathrm{d}x}=p\frac{\mathrm{d}p}{\mathrm{d}y}$,代入原方程,得

$$y\cdot p\cdot\frac{\mathrm{d}p}{\mathrm{d}y}+p^2=0$$

分离变量,得

$$\frac{1}{p}\mathrm{d}p=-\frac{1}{y}\mathrm{d}y$$

积分,得

$$p=\frac{C_1}{y}$$

即

$$\frac{\mathrm{d}y}{\mathrm{d}x}=\frac{C_1}{y}$$

解得

$$\frac{1}{2}y^2=C_1x+C_2$$

例 6　求微分方程 $y'y''-x=0$ 在初始条件 $y|_{x=1}=2$,$y'|_{x=1}=1$ 下的特解.

解　令 $y'=p(x)$,则 $y''=p'$,代入原方程,得

$$p\cdot p'-x=0$$

解得

$$p^2=x^2+C_1$$

代入 $y'|_{x=1}=1>0$,得 $C_1=0$,且 $p=x$,即 $\frac{\mathrm{d}y}{\mathrm{d}x}=x$. 解得 $y=\frac{1}{2}x^2+C_2$,代入 $y|_{x=1}=2$,得 $C_2=\frac{3}{2}$. 于是原方程的特解为 $y=\frac{1}{2}x^2+\frac{3}{2}$.

例 7　设过曲线上任意一点的切线的斜率,都等于该点与坐标原点所连直线斜率的 n 倍,求此曲线方程.

解　设曲线方程为 $y=f(x)$,过曲线上任意一点 (x,y) 的切线斜率为 $y'=f'(x)$,而该

点与原点连线的斜率为 $k=\frac{y}{x}$.

由题设,得 $y'=n\frac{y}{x}$,解得 $y=Cx^n$.

例 8　设连续函数 $y(x)$ 满足方程

$$y(x)=\int_0^x y(t)\mathrm{d}t+\mathrm{e}^x \tag{1}$$

求 $y(x)$.

解　因为 $y(x)$ 连续,由式(1) 知 $y(x)$ 可导,

对式(1) 两边求导,得

$$y'(x)=y(x)+\mathrm{e}^x \tag{2}$$

解方程(2),得

$$y=\mathrm{e}^{-\int -\mathrm{d}x}\left(\int \mathrm{e}^x\mathrm{e}^{\int -\mathrm{d}x}\mathrm{d}y+C\right)=\mathrm{e}^x(x+C) \tag{3}$$

由式(1) 有 $y(0)=\int_0^0 y(t)\mathrm{d}t+\mathrm{e}^0=1$,代入式(3),得 $C=1$,因此 $y(x)=(x+1)\mathrm{e}^x$.

6.3　同步题解析

习题 6.1 解答

1. 指出下列微分方程的阶数.

(1)$x(y')^2-2yy'+x=0$;　　(2)$xy'''+2y''+x^2y=0$;

(3)$(x+y)\mathrm{d}x+x\mathrm{d}y=0$.

解　(1) 一阶;(2) 三阶;(3) 一阶.

2. 指出下列各题中的函数是否为所给微分方程的解.

(1)$xy'=2y,y=5x^2$;

(2)$y''+y=0,y=3\sin x-4\cos x$;

(3)$x^2y''-2xy'+2y=0,y=x^2+x$;

(4)$y''=1+y^2,y=x\mathrm{e}^x$.

解　(1) 是;(2) 是;(3) 是;(4) 否.

3. 验证由方程 $x^2-xy+y^2=C$ 所确定的函数为微分方程 $(x-2y)y'=2x-y$ 的通解.

解　设 $F(x,y)=x^2-xy+y^2-C$,则 $y'=-\frac{F_x}{F_y}=-\frac{2x-y}{-x+2y}=\frac{2x-y}{x-2y}$.

显然 $(x-2y)y'=(x-2y)\frac{2x-y}{x-2y}\equiv 2x-y$,且只有一个独立常数,所以由方程 $x^2-xy+y^2=C$ 确定的函数是微分方程 $(x-2y)y'=2x-y$ 的通解.

4. 确定函数 $y=(C_1+C_2x)\mathrm{e}^{2x}$,$y\big|_{x=0}=0$,$y'\big|_{x=0}=1$ 中的 C_1 和 C_2 的值,使函数满足所给的初始条件.

解　$y' = C_2e^{2x} + 2(C_1 + C_2x)e^{2x} = e^{2x}(2C_1 + C_2 + C_2x)$,代入 $y(0)=0$,得 $C_1 = 0$,代入 $y'(0)=1$,得 $C_2 = 1$. 于是 $y = xe^{2x}$.

5. 设曲线在点(x,y)处的切线的斜率等于该点横坐标的平方,建立曲线的微分方程.

解　曲线的微分方程为 $y' = x^2$.

6. 设曲线在点(x,y)处的切线与 x 轴的交点的横坐标等于切点横坐标的 2 倍,建立曲线的微分方程.

解　曲线的微分方程为 $xy' + y = 0$.

习题 6.2 解答

1. 求下列微分方程的通解.

(1) $y' = e^{2x-y}$;　　(2) $(1+y)dx - (1-x)dy = 0$;

(3) $xy' - y\ln y = 0$;　　(4) $(y+1)^2y' + x^3 = 0$;

(5) $(1+2y)xdx + (1+x^2)dy = 0$;　　(6) $(x^2 - 4x)y' + y = 0$.

解　(1) 分离变量,得

$$e^y dy = e^{2x}dx$$

积分,得

$$\int e^y dy = \int e^{2x}dx$$

所以

$$e^y = \frac{e^{2x}}{2} + C$$

(2) 分离变量,得

$$\frac{dy}{1+y} = \frac{dx}{1-x}$$

积分,得

$$\ln|1+y| = -\ln|1-x| + \ln|C|$$

所以

$$(1+y)(1-x) = C$$

(3) 分离变量,得

$$\frac{dy}{y\ln y} = \frac{dx}{x}$$

积分,得

$$\ln|\ln y| = \ln|x| + \ln|C|$$

所以

$$y = e^{Cx}$$

(4) 分离变量,得

$$(y+1)^2dy = -x^3dx$$

积分,得

$$\frac{(y+1)^3}{3}=-\frac{x^4}{4}+C_1$$

所以

$$3x^4+4(y+1)^3=C,\quad C=12C_1$$

(5) 分离变量,得

$$\frac{\mathrm{d}y}{1+2y}=-\frac{x\mathrm{d}x}{1+x^2}$$

积分,得

$$\frac{1}{2}\ln|1+2y|=-\frac{1}{2}\ln(1+x^2)+\ln|C_1|$$

所以

$$(1+2y)(1+x^2)=C,\quad C=C_1^2$$

(6) 分离变量,得

$$\frac{\mathrm{d}y}{y}=\frac{\mathrm{d}x}{4x-x^2}$$

积分,得

$$\ln|y|=\frac{1}{4}\ln\left|\frac{x}{4-x}\right|+\ln|C_1|$$

所以

$$(x-4)y^4=Cx,\quad C=C_1^4$$

2. 求下列微分方程满足所给初始条件的特解.

(1) $y'\sin x=y\ln y, y|_{x=\frac{\pi}{2}}=\mathrm{e}$;

(2) $x\mathrm{d}y+2y\mathrm{d}x=0, y|_{x=2}=1$.

解　(1) 分离变量,得

$$\frac{\mathrm{d}y}{y\ln y}=\frac{\mathrm{d}x}{\sin x}$$

积分,得

$$\ln|\ln y|=\ln|\csc x-\cot x|+\ln|C|$$

所以

$$\ln y=C(\csc x-\cot x)$$

代入 $y(\frac{\pi}{2})=\mathrm{e}$,得 $C=1$. 所求特解为 $\ln y=\csc x-\cot x$.

(2) 分离变量,得

$$\frac{\mathrm{d}y}{2y}=-\frac{\mathrm{d}x}{x}$$

积分,得

$$\frac{1}{2}\ln|y|=-\ln|x|+\ln|C_1|$$

所以 $x^2y=C(C=C_1{}^2)$,代入 $y(2)=1$,得 $C=4$. 所求特解为 $x^2y=4$.

3. 求下列微分方程的通解.

(1) $xy' - y - \sqrt{y^2 - x^2} = 0$;　　　　(2) $y' = \dfrac{x^2 + y^2}{2x^2}$;

(3) $(x^2 + y^2)\mathrm{d}x + 2xy\mathrm{d}y = 0$;　　　　(4) $xy' = y\ln \dfrac{y}{x}$.

解　(1) 原方程变形为$\dfrac{\mathrm{d}y}{\mathrm{d}x} = \dfrac{y}{x} + \sqrt{\left(\dfrac{y}{x}\right)^2 - 1}$, 令$\dfrac{y}{x} = u$, 则

$$\frac{\mathrm{d}y}{\mathrm{d}x} = u + x\frac{\mathrm{d}u}{\mathrm{d}x}$$

代入上式, 得

$$u + x\frac{\mathrm{d}u}{\mathrm{d}x} = u + \sqrt{u^2 - 1}$$

分离变量, 得

$$\frac{\mathrm{d}u}{\sqrt{u^2 - 1}} = \frac{\mathrm{d}x}{x}$$

令 $u = \sec t$, 得

$$\frac{\sec t\tan t\mathrm{d}t}{\sqrt{\sec^2 t - 1}} = \frac{\mathrm{d}x}{x}$$

积分, 得

$$\ln|\sec t + \tan t| = \ln|x| + C$$

代入变量 u, 得

$$\ln\left|u + \sqrt{u^2 - 1}\right| = \ln|x| + C$$

代入原变量, 得

$$\ln\left|\frac{y}{x} + \sqrt{\left(\frac{y}{x}\right)^2 - 1}\right| = \ln|x| + C$$

即

$$y + \sqrt{y^3 - x^2} = Cx^2$$

(2) 令$\dfrac{y}{x} = u$, 则$\dfrac{\mathrm{d}y}{\mathrm{d}x} = u + x\dfrac{\mathrm{d}u}{\mathrm{d}x}$, 代入原方程, 得

$$u + x\frac{\mathrm{d}u}{\mathrm{d}x} = \frac{1}{2} + \frac{1}{2}u^2$$

分离变量, 得

$$\frac{\mathrm{d}u}{(u - 1)^2} = \frac{\mathrm{d}x}{2x}$$

积分, 得

$$-\frac{1}{u - 1} = \frac{1}{2}\ln|Cx|$$

代入原变量, 得

$$2x = (x - y)\ln(Cx)$$

（3）原方程变形为$\frac{dy}{dx}=-\frac{1+(\frac{y}{x})^2}{2\frac{y}{x}}$，令$\frac{y}{x}=u$，则$\frac{dy}{dx}=u+x\frac{du}{dx}$，代入上式，得

$$u+x\frac{du}{dx}=-\frac{1+u^2}{2u}$$

分离变量，得

$$\frac{1}{3}\ln(1+3u^2)=-\ln|x|+C_1$$

所以$x^3(1+3u^2)=C_2$，代入原变量，得$x^3+3xy^2=C$.

（4）原方程变形为$\frac{dy}{dx}=\frac{y}{x}\ln(\frac{y}{x})$，令$\frac{y}{x}=u$，则$\frac{dy}{dx}=u+x\frac{du}{dx}$，代入上式，得

$$u+x\frac{du}{dx}=u\ln u$$

分离变量，得

$$\frac{du}{u(\ln u-1)}=\frac{dx}{x}$$

积分，得

$$\ln|\ln u-1|=\ln|Cx|$$

所以$\ln u-1=Cx$，代入原变量，得$\ln\frac{y}{x}-1=Cx$.

4. 求下列微分方程满足所给初始条件的特解.

(1) $(y^2-3x^2)dy+2xydx=0, y|_{x=0}=1$;

(2) $xdy-ydx=\sqrt{x^2+y^2}dx, y|_{x=3}=4$.

解　(1) 原方程变形为$\frac{dy}{dx}=\frac{2\frac{y}{x}}{3-(\frac{y}{x})^2}$，令$\frac{y}{x}=u$，则$\frac{dy}{dx}=u+x\frac{du}{dx}$，代入上式，得

$$u+x\frac{du}{dx}=\frac{2u}{3-u^2}$$

分离变量，得

$$\frac{u^2-3}{u^3-u}du=-\frac{dx}{x},\quad (\frac{3}{u}-\frac{1}{u-1}-\frac{1}{u+1})du=-\frac{dx}{x}$$

积分，得

$$-3\ln|u|+\ln|u-1|+\ln|u+1|=\ln|Cx|$$

所以$\frac{u^2-1}{u^3}=Cx$，代入原变量，得$y^2-x^2=Cy^3$.

代入$y(0)=1$，得$C=1$，所求特解为$y^2-x^2=y^3$.

(2) 原方程变形为$\frac{dy}{dx}=\frac{y+\sqrt{x^2+y^2}}{x}$，令$\frac{y}{x}=u$，则$\frac{dy}{dx}=u+x\frac{du}{dx}$，代入上式，得

$$u + x\frac{\mathrm{d}u}{\mathrm{d}x} = u + \sqrt{1+u^2}$$

分离变量,得

$$\frac{\mathrm{d}u}{\sqrt{1+u^2}} = \frac{\mathrm{d}x}{x}$$

积分,得

$$\ln|u+\sqrt{u^2+1}| = \ln|Cx|$$

代入原变量,得

$$\ln\left[\frac{y}{x}+\sqrt{\left(\frac{y}{x}\right)^2+1}\right] = \ln|x| + \ln|C|$$

所以

$$y+\sqrt{y^2+x^2} = Cx^2$$

代入 $y(3)=4$,得 $C=1$,所求特解为 $y+\sqrt{y^2+x^2}=x^2$.

5. 求下列微分方程的通解.

(1) $y' + y\cos x = \mathrm{e}^{-\sin x}$;　　(2) $y'x\ln x - y = 3x^3\ln^2 x$;

(3) $y' + \frac{2}{x}y = 3x^2y^{\frac{4}{3}}$;　　(4) $x\frac{\mathrm{d}y}{\mathrm{d}x} + y = xy^2\ln x$.

解　(1) 设 $P(x)=\cos x$,$Q(x)=\mathrm{e}^{-\sin x}$,则

$$y = \mathrm{e}^{-\int\cos x\mathrm{d}x}\left(\int \mathrm{e}^{-\sin x}\mathrm{e}^{\int\cos x\mathrm{d}x}\mathrm{d}x + C\right) = \mathrm{e}^{-\sin x}(x+C)$$

(2) 设 $P(x) = -\frac{1}{x\ln x}$,$Q(x)=3x^2\ln x$,则

$$y = \mathrm{e}^{\int\frac{1}{x\ln x}\mathrm{d}x}\left(\int 3x^2\ln x\,\mathrm{e}^{-\int\frac{1}{x\ln x}\mathrm{d}x}\mathrm{d}x + C\right) = \ln x(x^3+C)$$

(3) 这是 $n=\frac{4}{3}$ 的伯努利方程,令 $z=y^{-\frac{1}{3}}$,则方程化为

$$\frac{\mathrm{d}z}{\mathrm{d}x} - \frac{2}{3x}z = -x^2$$

它的通解为

$$z = \mathrm{e}^{\int\frac{2}{3x}\mathrm{d}x}\left(\int(-x^2)\mathrm{e}^{\int\frac{2}{3x}\mathrm{d}x}\mathrm{d}x + C\right) = -\frac{3}{7}x^3 + Cx^{\frac{2}{3}}$$

故

$$y^{-\frac{1}{3}} = -\frac{3}{7}x^3 + Cx^{\frac{2}{3}}$$

(4) 整理得 $\frac{\mathrm{d}y}{\mathrm{d}x} + \frac{1}{x}y = y^2\ln x$,这是 $n=2$ 的伯努利方程,令 $z=y^{-1}$,原方程化为

$$\frac{\mathrm{d}z}{\mathrm{d}x} - \frac{1}{x}z = -\ln x$$

它的通解为

$$z = e^{\int \frac{1}{x}dx}\left(\int \ln x e^{-\int \frac{1}{x}dx}dx + C\right) = x\left(\frac{1}{2}\ln^2 x + C\right)$$

故有

$$y^{-1} = x\left(\frac{1}{2}\ln^2 x + C\right)$$

6. 求曲线方程,该曲线通过原点,并且它在点(x,y)处的切线斜率为$2x + y$.

解　曲线的微分方程为$y' = 2x + y$,解方程,得

$$y = e^{\int dx}\left(\int 2xe^{\int -dx}dx + C\right) = e^x\left(\int 2xe^{-x}dx + C\right) = -2x - 2 + Ce^x$$

代入$y(0) = 0$,得$C = 2$. 所求曲线方程为

$$y = 2(e^x - x - 1)$$

7. 设不定函数$\varphi(x)$满足:$\varphi(x)\cos x + 2\int_0^x \varphi(t)\sin t dt = x + 1$,求$\varphi(x)$.

解　对原方程求导,得

$$\varphi'(x)\cos x + \varphi(x)\sin x = 1$$

解方程,得

$$\varphi(x) = e^{-\int \tan x dx}\left(\int \sec x e^{\int \tan x dx}dx + C\right) = \sin x + C\cos x$$

习题 6.3 解答

1. 求下列微分方程的通解.

(1)$(1 + x^2)y'' = 1$;　　(2)$y''' = xe^x$;

(3)$y'' + y' = x^2$;　　(4)$y'' = 1 + y'^2$;

(5)$y''x + y' = 2x$;　　(6)$(1 + x^2)y'' - 2xy' = 0$.

解　(1) 原方程变形为

$$y'' = \frac{1}{1 + x^2}$$

对上式积分,得

$$y' = \arctan x + C_1$$

对上式积分,得

$$y = \int(\arctan x + C_1)dx$$

所以

$$y = x\arctan x - \frac{1}{2}\ln(1 + x^2) + C_1x + C_2$$

(2) 对原方程积分,得

$$y'' = xe^x - e^x + C_1$$

对上式积分,得

$$y' = xe^x - 2e^x + C_1x + C_2$$

对上式积分,得

$$y = xe^x - 3e^x + \frac{C_1}{2}x^2 + C_2x + C_3$$

(3) 令 $y' = p(x)$,则 $y'' = p'(x)$. 代入原方程,得

$$p' + p = x^2$$

解方程,得

$$p = e^{-\int dx}\left(\int x^2 e^{\int dx}dx + C_1\right) = x^2 - 2x + 2 + C_1e^{-x}$$

对上式积分,得

$$y = \frac{x^3}{3} - x^2 + 2x - C_1e^{-x} + C_2$$

(4) 令 $y' = p(x)$,则 $y'' = p'(x)$. 代入原方程,得 $p' = 1 + p^2$,分离变量,得

$$\frac{dp}{1 + p^2} = dx$$

积分,得

$$\arctan p = x + C_1$$

即

$$p = \tan(x + C_1)$$

积分,得

$$y = -\ln|\cos(x + C_1)| + C_2$$

(5) 原方程变形为 $y'' + \frac{1}{x}y' = 2$. 令 $y' = p(x)$,则

$$y'' = p'(x)$$

代入上式,得

$$p' + \frac{1}{x}p = 2$$

解方程,得

$$p = e^{-\int \frac{1}{x}dx}\left(\int 2e^{\int \frac{1}{x}dx}dx + C_1\right) = \frac{1}{x}(x^2 + C_1) = x + \frac{C_1}{x}$$

对上式积分,得

$$y = \frac{x^2}{2} + C_1\ln|x| + C_2$$

(6) 原方程变形为

$$y'' - \frac{2x}{1 + x^2}y' = 0$$

令 $y' = p(x)$,则 $y'' = p'(x)$,代入上式,得

$$p' - \frac{2x}{1 + x^2}p = 0$$

分离变量,得

$$\frac{dp}{p} = \frac{2x}{1 + x^2}dx$$

积分,得

$$\ln|p| = \ln(1 + x^2) + \ln|C_1|$$

所以 $p = C_1(1 + x^2)$,对上式积分,得 $y = C_1(x + \frac{1}{3}x^3) + C_2$.

2. 求下列微分方程满足所给初始条件的特解.

(1) $y''' = e^{2x}, y|_{x=1} = 0, y'|_{x=1} = 0, y''|_{x=1} = 0$;

(2) $yy'' = 2(y'^2 - y'), y|_{x=0} = 1, y'|_{x=0} = 2$.

解　(1) 原方程积分,得

$$y'' = \frac{e^{2x}}{2} + C_1$$

对上式积分,得

$$y' = \frac{e^{2x}}{4} + C_1x + C_2$$

对上式积分,得

$$y = \frac{e^{2x}}{8} + \frac{C_1}{2}x^2 + C_2x + C_3$$

代入 $y(1) = 0, y'(1) = 0, y''(1) = 0$,得 $C_1 = -\frac{e^2}{2}, C_2 = \frac{e^2}{4}, C_3 = -\frac{e^2}{8}$,所求特解为

$$y = \frac{1}{8}e^{2x} - \frac{e^2}{8}(2x^2 - 2x + 1)$$

(2) 令 $y' = p(y)$,则 $y'' = \frac{dp}{dy} \cdot p$,代入原方程,得

$$y \cdot \frac{dp}{dy} \cdot p = 2(p^2 - p)$$

分离变量,得

$$\frac{dp}{p - 1} = \frac{2}{y}dy$$

积分,得

$$\ln|p - 1| = \ln y^2 + \ln|C_1|$$

所以

$$p = C_1y^2 + 1$$

即

$$\frac{dy}{dx} = C_1y^2 + 1$$

解方程,得

$$y = \frac{1}{\sqrt{C_1}}\tan(\sqrt{C_1}x + \sqrt{C_1}C_2)$$

代入 $y(0) = 1, y'(0) = 2$,得 $C_1 = 1, C_2 = \frac{\pi}{4}$. 所求特解为

$$y=\tan\left(x+\frac{\pi}{4}\right)$$

3. 试求 $y''=x$ 的经过点 $M(0,1)$ 且在此点与直线 $y=\frac{x}{2}+1$ 相切的曲线方程.

解　由 $y''=x$,得 $y=\frac{1}{6}x^3+C_1x+C_2$,且满足初始条件

$$y\big|_{x=0}=1,\quad y'\big|_{x=0}=\frac{1}{2}$$

从而得 $C_1=\frac{1}{2}$,$C_2=1$,故所求曲线方程为 $y=\frac{1}{6}x^3+\frac{1}{2}x+1$.

习题6.4解答

1. 验证 $y_1=\cos\omega x$ 及 $y_2=\sin\omega x$ 都是方程 $y''+\omega^2y=0$ 的解,并写出该方程的通解.

证　以 $y_1=\cos\omega x$ 代入,得 $y''+\omega^2y=-\omega^2\cos\omega x+\omega^2\cos\omega x=0$,所以 y_1 是该方程的解. 同理,y_2 也是该方程的解.

又 $\frac{y_2}{y_1}=\frac{\sin\omega x}{\cos\omega x}=\tan\omega x\neq k$(常数),所以 y_1,y_2 线性无关,故该方程的通解为 $y=C_1\cos\omega x+C_2\sin\omega x$.

2. 验证 $y_1=e^{x^2}$ 及 $y_2=xe^{x^2}$ 都是方程 $y''-4xy'+(4x-2)y=0$ 的解,并写出通解.

证　以 $y_1=e^{x^2}$ 代入 $y''-4xy'+(4x-2)y=0$,得

$$y''+4xy'+(4x^2-2)y=(2+4x^2)e^{x^2}-4x\cdot 2xe^{x^2}+(4x^2-2)e^{x^2}=0$$

所以 y_1 是该方程的解. 同理,y_2 也是该方程的解.

又 $\frac{y_2}{y_1}=\frac{xe^{x^2}}{e^{x^2}}=x\neq k$(常数),所以 y_1,y_2 线性无关,故该方程的通解为 $y=e^{x^2}(C_1+C_2x)$.

习题6.5解答

1. 求下列微分方程的通解.

(1) $y''+y'-2y=0$;　　(2) $y''-4y'=0$;

(3) $y''+4y'+4y=0$;　　(4) $y''+4y'+5y=0$.

解　(1) 特征方程为 $r^2+r-2=0$,特征根 $r_1=1$,$r_2=-2$,故方程的通解为

$$y=C_1e^x+C_2e^{-2x}$$

(2) 特征方程为 $r^2-4r=0$,特征根 $r_1=0$,$r_2=4$,故方程的通解为 $y=C_1+C_2e^{4x}$.

(3) 特征方程为 $r^2+4r+4=0$,特征根 $r_1=r_2=-2$,故方程的通解为 $y=(C_1+C_2x)e^{-2x}$.

(4) 特征方程为 $r^2+4r+5=0$,特征根 $r_{1,2}=-2\pm i$,故方程的通解为 $y=e^{-2x}(C_1\cos x+C_2\sin x)$.

2. 求下列微分方程满足所给初始条件的特解.

(1) $y''-4y'+3y=0$,$y\big|_{x=0}=6$,$y'\big|_{x=0}=10$;

(2)$y''+y'=0,y|_{x=0}=2,y'|_{x=0}=-1$.

解　(1) 特征方程为 $r^2-4r+3=0$,特征根 $r_1=1,r_2=3$.

故方程的通解为 $y=C_1e^x+C_2e^{3x}$. 代入 $y(0)=6,y'(0)=10$,得 $C_1=4,C_2=2$.

所求特解为 $y=4e^x+2e^{3x}$.

(2) 特征方程为 $r^2+r=0$,特征根 $r_1=-1,r_2=0$.

故方程的通解为 $y=C_1+C_2e^{-x}$. 代入 $y(0)=2,y'(0)=-1$,得 $C_1=1,C_2=1$.

所求特解为 $y=1+e^{-x}$.

3. 求下列微分方程的通解.

(1)$y''+3y'-4y=xe^{2x}$;　　　(2)$y''-5y'+4y=x^2-x+1$;

(3)$y''-6y'+9y=(x+1)e^{3x}$;　　　(4)$y''-y=e^x+\cos x$.

解　(1)$r^2+3r-4=0$, $r_1=1,r_2=-4$,于是 $Y=C_1e^x+C_2e^{-4x}$.

由于 $\lambda=2$ 不是特征根,所以设所给方程的特解 $y^*=(ax+b)e^{2x}$,代入原方程并比较系数,得 $a=\frac{1}{6},b=-\frac{7}{36}$,所以 $y^*=\frac{1}{36}(6x-7)e^{2x}$. 故方程的通解为

$$y=Y+y^*=C_1e^x+C_2e^{-4x}+\frac{1}{36}(6x-7)e^{2x}$$

(2)$r^2-5r+4=0$, $r_1=1,r_2=4$,于是 $Y=C_1e^x+C_2e^{4x}$.

由于 $\lambda=0$ 不是特征根,所以设所给方程的特解 $y^*=ax^2+bx+c$,代入原方程并比较系数,得 $a=\frac{1}{4},b=\frac{3}{8},c=\frac{19}{32}$,所以 $y^*=\frac{1}{32}(8x^2+12x+19)$. 故方程的通解为

$$y=Y+y^*=C_1e^x+C_2e^{4x}+\frac{1}{32}(8x^2+12x+19)$$

(3)$r^2-6r+9=0$, $r_1=r_2=3$,于是 $Y=(C_1+C_2x)e^{3x}$.

由于 $\lambda=3$ 是二重特征根,所以设所给方程的特解 $y^*=x^2e^{3x}(ax+b)$,代入原方程并比较系数,得 $a=\frac{1}{6},b=\frac{1}{2}$,所以 $y^*=x^2e^{3x}(\frac{1}{6}x+\frac{1}{2})$. 故方程的通解为

$$y=Y+y^*=(C_1+C_2x)e^{3x}+\frac{x^2}{2}e^{3x}(\frac{x}{3}+1)$$

(4)$r^2-1=0$, $r_1=-1,r_2=1$,于是 $Y=C_1e^{-x}+C_2e^x$.

由于 $\lambda=1$ 是单重特征根,所以设方程 $y''-y=e^x$ 的特解为 $y_1^*=axe^x$,代入此方程并比较系数,得 $a=\frac{1}{2}$,所以 $y_1^*=\frac{x}{2}e^x$. 设方程 $y''-y=\cos x$ 的特解为$y_2^*=A\cos x+B\sin x$,代入此方程并比较系数,得 $A=-\frac{1}{2},B=0$,所以 $y_2^*=-\frac{1}{2}\cos x$.

故方程的通解为

$$y=Y+y_1^*+y_2^*=C_1e^{-x}+C_2e^x+\frac{1}{2}(xe^x-\cos x)$$

4. 求下列微分方程满足所给初始条件的特解.

(1)$y''-y'=2(1-x),y|_{x=0}=1,y'|_{x=0}=1$;

(2)$y''+2y'+y=xe^x, y|_{x=0}=0, y'|_{x=0}=0$.

解　(1)$r^2-r=0$, $r_1=0, r_2=1$,于是 $Y=C_1+C_2e^x$.

由于 $\lambda=0$ 是单重特征根,所以设所给方程的特解为 $y^*=x(ax+b)$.

代入原方程并比较系数,得 $a=1, b=0$,所以 $y^*=x^2$.

故方程的通解为 $y=Y+y^*=C_1+C_2e^x+x^2$.

代入 $y(0)=1, y'(0)=1$,得 $C_1=0, C_2=1$,故所求特解为 $y=e^x+x^2$.

(2)$r^2+2r+1=0$, $r_1=r_2=-1$,于是 $Y=(C_1+C_2x)e^{-x}$.

由于 $\lambda=1$ 不是特征根,所以设所给方程的特解为 $y_1^*=e^x(ax+b)$.

代入原方程并比较系数,得 $a=\frac{1}{4}, b=-\frac{1}{4}$,所以 $y^*=(\frac{x}{4}-\frac{1}{4})e^x$.

故方程的通解为

$$y=Y+y^*=(C_1+C_2x)e^{-x}+(\frac{x}{4}-\frac{1}{4})e^x$$

代入 $y(0)=0, y'(0)=0$,得 $C_1=\frac{1}{4}, C_2=\frac{1}{4}$,故所求特解为

$$y=\frac{1}{4}[(x+1)e^{-x}+(x-1)e^x]$$

习题6.6解答

1. 已知某商品的需求价格弹性为$\frac{EQ}{EP}=-p(\ln p+1)$,且当 $p=1$ 时,需求量 $Q=1$.

(1) 求商品对价格的需求函数;

(2) 当 $p\to+\infty$ 时,需求是否趋于稳定?

解　(1) $-\frac{p}{Q}\cdot\frac{dQ}{dp}=p(\ln p+1)$,解得 $Q=Cp^{-p}$,代入 $Q(1)=1$,得 $C=1$. 所以 $Q=p^{-p}$.

(2) $\lim\limits_{p\to+\infty}Q=\lim\limits_{p\to+\infty}p^{-p}=e^{\lim\limits_{p\to+\infty}(-p)\ln p}=0$.

2. 已知某商品的需求量 Q 与供给量都是价格 p 的函数为 $Q=Q(p)=\frac{a}{p^2}, S=S(p)=bp$,其中 $a>0, b>0$ 为常数,价格 p 是时间 t 的函数,且满足$\frac{dp}{dt}=k[Q(p)-S(p)]$($k$ 为常数).假设当 $t=0$ 时,价格为1. 试求:

(1) 需求量等于供给量的均衡价格 p_e;

(2) 价格函数 $p(t)$;

(3) $\lim\limits_{t\to+\infty}p(t)$.

解　(1)$Q(p)=S(p)$,即$\frac{a}{p^2}=bp$,故 $p_e=(\frac{a}{b})^{\frac{1}{3}}$.

(2) $\frac{dp}{dt}=k[Q(p)-S(p)]=k(\frac{a}{p^2}-bp)$,解得 $p=(\frac{a}{b}-Ce^{-3kbt})^{\frac{1}{3}}$.

代入 $p(0)=1$，得 $C=\frac{a}{b}-1$. 所以

$$p=\left[\frac{a}{b}-\left(\frac{a}{b}-1\right)e^{-3kbt}\right]^{\frac{1}{3}}$$

(3) $\lim\limits_{t\to+\infty}p(t)=\lim\limits_{t\to+\infty}\left[\frac{a}{b}-\left(\frac{a}{b}-1\right)e^{-3kbt}\right]^{\frac{1}{3}}=\left(\frac{a}{b}\right)^{\frac{1}{3}}=p_e$.

3. 某银行账户，以连续复利的方式计息，年利息为5%，希望连续20年以每年12 000元人民币的速率用这一账户支付职工工资. 若 t 以年为单位，写出余额 $B=f(t)$ 所满足的微分方程，并计算当初始存入的数额 B_0 为多少时，才能使20年后账户中的余额精确地减至0.

解　$\frac{dB}{dt}=0.05B-12\ 000$，解得 $B=240\ 000+Ce^{0.05t}$.

代入 $B(0)=B_0$，$B(20)=0$，得 $B_0=240\ 000(1-e^{-1})$.

4. 已知某地区在一个已知的时期内国民收入的增长率为$\frac{1}{10}$，国民债务的增长率为国民收入的$\frac{1}{20}$. 当 $t=0$ 时，国民收入为5亿元，国民债务为0.1亿元，请分别求出国民收入及国民债务与时间 t 的函数关系.

解　$\frac{dy}{dt}=\frac{1}{10}$，解得 $y=\frac{1}{10}t+C_1$，代入 $y(0)=5$，得 $C_1=5$. 所以国民收入函数为

$$y=\frac{1}{10}t+5$$

又由

$$\frac{dD}{dt}=\frac{1}{20}y=\frac{1}{200}t+\frac{1}{4}$$

解得

$$D=\frac{1}{400}t^2+\frac{1}{4}t+C_2$$

代入 $D(0)=0.1$，得 $C_2=0.1$. 所以国民债务函数为

$$D=\frac{1}{400}t^2+\frac{1}{4}t+\frac{1}{10}$$

5. 某池塘最多能养1 000条鱼，开始池塘内有100条鱼，鱼的繁殖速度与鱼的条数和 $1\ 000-x$ 的乘积成比例，三个月后池塘内有鱼250条，问六个月时池塘内鱼的数量.

解　由题意知求池塘内鱼的条数 $x(t)$ 是初值问题，即

$$\begin{cases}\frac{dx}{dt}=kx(1\ 000-x)\\x(0)=100\end{cases}$$

分离变量，得

$$\frac{x}{1\ 000-x}=Ce^{1\ 000kt}$$

代入 $x(0)=100$,得 $C=\frac{1}{9}$,又因 $x(3)=250$,可解得 $k=\frac{\ln 3}{3\ 000}$,故鱼的条数满足

$$\frac{x}{1\ 000-x}=\frac{1}{9}3^{\frac{t}{3}}$$

所以 $x(6)=500$ 条.

6. 设容器内盛有100 L盐溶液,浓度为10%(即含净盐10 kg),今以每分钟3 L的速度注入清水,冲淡溶液,同时以每分钟 2 L 的速度放出盐水,溶液内有搅拌器,使溶液浓度均匀,问 50 min 时容器中还有多少净盐.

解　设 t min 溶液含净盐 $x=x(t)$ kg,这时容器中溶液量为

$$100+3t-2t=100+t$$

其浓度为$\frac{x}{100+t}$,在$[t,t+\mathrm{d}t]$时间内放出盐溶液 $2\mathrm{d}t$,所以容器内净盐微元是

$$\mathrm{d}x=\frac{-2x}{100+t}\mathrm{d}t$$

满足初始条件 $x(0)=10$,分离变量,得

$$x=\frac{10^5}{(100+t)^2}$$

因此,50 min 后容器中净盐为

$$x(50)=\frac{10^5}{150^2}\approx 4.44\ (\mathrm{kg})$$

习题 6.7 解答

1. 用算子法求下列方程的通解.

(1) $(\mathrm{D}^2+4\mathrm{D}+8)y=4$;　　(2) $(\mathrm{D}^2+2\mathrm{D})y=4\mathrm{e}^{3x}$;

(3) $(\mathrm{D}^2+3\mathrm{D}+2)y=9\mathrm{e}^{-2x}$;　　(4) $(\mathrm{D}^2-2\mathrm{D}+5)y=\cos 2x$.

解　(1) $L(\mathrm{D})=\mathrm{D}^2+4\mathrm{D}+8$, $L(0)=8\neq 0$. 所求特解为

$$y^*=\frac{1}{\mathrm{D}^2+4\mathrm{D}+8}\cdot 4=\frac{1}{8}\times 4=\frac{1}{2}$$

对应齐次方程的通解为

$$Y=\mathrm{e}^{-2x}(C_1\cos 2x+C_2\mathrm{i}\sin 2x)$$

故所求通解为

$$y=y^*+Y=\frac{1}{2}+\mathrm{e}^{-2x}(C_1\cos 2x+C_2\mathrm{i}\sin 2x)$$

(2) $L(\mathrm{D})=\mathrm{D}^2+2\mathrm{D}$, $L(3)=15\neq 0$. 所求特解为

$$y^*=\frac{1}{\mathrm{D}^2+2\mathrm{D}}\cdot 4\mathrm{e}^{3x}=4\frac{1}{L(3)}\mathrm{e}^{3x}=\frac{4}{15}\mathrm{e}^{3x}$$

对应齐次方程的通解为

$$Y=C_1+C_2\mathrm{e}^{-2x}L$$

故所求通解为

$$y = y^* + Y = \frac{4}{15}e^{3x} + C_1 + C_2e^{-2x}$$

(3) $L(D) = D^2 + 3D + 2, L(-2) = 0$. 所求特解为

$$y^* = \frac{1}{D^2 + 3D + 2} \cdot 9e^{-2x} =$$

$$e^{-2x}\frac{1}{(D-2)^2 + 3(D-2) + 2} \cdot 9 =$$

$$-e^{-2x}\frac{1}{D(1-D)} \cdot 9 = -e^{-2x}\frac{1}{D} \cdot 9 = -9xe^{-2x}$$

对应齐次方程的通解为

$$Y = C_1e^{-x} + C_2e^{-2x}$$

故所求通解为

$$y = y^* + Y = -9xe^{-2x} + C_1e^{-x} + C_2e^{-2x}$$

(4) $L(D) = D^2 - 2D + 5, L(2i) \neq 0, (D^2 - 2D + 5)y = e^{2ix}$ 的特解为

$$y^* = \frac{1}{L(2i)}e^{2ix} = \frac{1}{1-4i}e^{2ix} = \frac{1+4i}{17}(\cos 2x + i\sin 2x)$$

取实部,得

$$y^* = \frac{1}{17}\cos 2x - \frac{4}{17}\sin 2x$$

对应齐次方程的通解为

$$Y = e^x(C_1\cos 2x + C_2 i\sin 2x)$$

故所求通解为

$$y = y^* + Y = \frac{1}{17}\cos 2x - \frac{4}{17}\sin 2x + e^x(C_1\cos 2x + C_2 i\sin 2x)$$

2. 求下列方程的一个特解.

(1) $(D^2 + 6D + 5) = e^{2x}$;　　(2) $(D^2 - 3D + 2)y = 3x + 5\sin 2x$.

解　(1) $L(D) = D^2 + 6D + 5, L(2) = 21 \neq 0$. 所求特解为

$$y^* = \frac{1}{L(2)}e^{2x} = \frac{1}{21}e^{2x}$$

(2) $L(D) = D^2 - 3D + 2, L(0) = 2 \neq 0$. 第一自由项对应的特解为

$$y_1^* = (\frac{1}{2} + \frac{3}{4}D)3x = \frac{3}{2}x + \frac{9}{4}$$

$L(2i) = -2 - 6i \neq 0$,则 $(D^2 - 3D + 2)y = 5e^{2ix}$ 对应的特解为

$$y_2^* = \frac{1}{L(2i)}5e^{2ix} = \frac{1}{-2-6i}5e^{2ix} = \frac{-1+3i}{4}(\cos 2x + i\sin 2x)$$

取虚部,得

$$y_2^* = \frac{3}{4}\cos 2x - \frac{1}{4}\sin 2x$$

故所求特解为

$$y^{*}=y_1^{*}+y_2^{*}=\frac{3}{2}x+\frac{9}{4}+\frac{3}{4}\cos 2x-\frac{1}{4}\sin 2x$$

3. 求下列初值问题的解.

(1)$y''+4y'+5y=e^{2x}+1, y(0)=y'(0)=0$;

(2)$y''+4y'=\cos 2x+\cos 4x, y(0)=y'(0)=0$.

解　(1)$L(D)=D^2+4D+5, L(2)=17\neq 0$. 第一自由项对应的特解为

$$y_1^{*}=\frac{1}{L(2)}e^{2x}=\frac{1}{17}e^{2x}$$

$L(0)=5\neq 0$,第二自由项对应的特解为

$$y_2^{*}=\frac{1}{5}\times 1=\frac{1}{5}$$

对应齐次方程的通解为

$$Y=e^{-2x}(C_1\cos x+C_2\sin x)$$

原方程通解为

$$y=y_1^{*}+y_2^{*}+Y$$

代入$y(0)=y'(0)=0$,得$C_1=-\frac{22}{85}, C_2=-\frac{54}{85}$. 故所求通解为

$$y=y_1^{*}+y_2^{*}+Y=\frac{1}{17}e^{2x}+\frac{1}{5}-e^{-2x}\left(\frac{22}{85}\cos x+\frac{54}{85}\sin x\right)$$

(2)$L(D)=D^2+4D, L(2i)=-4+8i\neq 0$. $L(D)y=e^{2ix}$ 的特解为

$$y_1^{*}=\frac{1}{L(2i)}e^{2ix}=\frac{1}{-4+8i}e^{2ix}=-\frac{1+2i}{20}(\cos 2x+i\sin 2x)$$

取实部,得

$$y_1^{*}=-\frac{1}{20}\cos 2x+\frac{1}{10}\sin 2x$$

$L(4i)=-16+16i\neq 0$. $L(D)y=e^{4ix}$ 的特解为

$$y_2^{*}=\frac{1}{L(4i)}e^{4ix}=\frac{1}{-16+16i}e^{4ix}=-\frac{1+i}{32}(\cos 4x+i\sin 4x)$$

取实部,得

$$y_2^{*}=-\frac{1}{32}\cos 4x+\frac{1}{32}\sin 4x$$

对应齐次方程的通解为

$$Y=C_1+C_2e^{-4x}$$

原方程通解为

$$y=y_1^{*}+y_2^{*}+Y$$

代入$y(0)=y'(0)=0$,得$C_1=0, C_2=\frac{13}{160}$. 故所求通解为

$$y=y_1^{*}+y_2^{*}+Y=-\frac{1}{20}\cos 2x+\frac{1}{10}\sin 2x-\frac{1}{32}\cos 4x+\frac{1}{32}\sin 4x+\frac{13}{160}e^{-4x}$$

习题6.8解答

1. 求下列函数的一阶与二阶差分.

(1) $y_x = 2x^3 - x^2$；　　(2) $y_x = e^{3x}$.

解　(1) $\Delta y_x = y_{x+1} - y_x = 2(x+1)^3 - (x+1)^2 - 2x^3 + x^2 = 6x^2 + 4x + 1$.

$\Delta^2 y_x = \Delta(\Delta y_x) = y_{x+2} - 2y_{x+1} + y_x = 12x + 10$.

(2) $\Delta y_x = y_{x+1} - y_x = e^{3(x+1)} - e^{3x} = e^{3x}(e^3 - 1)$, $\Delta^2 y_x = e^{3x}(e^3 - 1)^2$.

2. 确定下列差分方程的阶.

(1) $y_{x+3} - x^2 y_{x+1} + 3y_x = 2$；　　(2) $y_{x-2} - y_{x-4} = y_{x+2}$.

解　(1) 三阶；(2) 六阶.

3. 已知 $y_x = e^x$ 是方程 $y_{x+1} + a y_{x-1} = 2e^x$ 的一个解，求 a 的值.

解　以 $y_x = e^x$ 代入方程，得 $e^{x+1} + a e^{x-1} = 2e^x$，从而 $a = 2e - e^2$.

4. 求下列一阶常系数齐次线性差分方程的通解.

(1) $2y_{x+1} - 3y_x = 0$；　　(2) $y_x + y_{x-1} = 0$；　　(3) $y_{x+1} - y_x = 0$.

解　(1) $y_x = C\left(\frac{3}{2}\right)^x$；(2) $y_x = C(-1)^x$；(3) $y_x = C$.

5. 求下列一阶差分方程在给定初始条件下的特解：

(1) $2y_{x+1} + 5y_x = 0$ 且 $y_0 = 3$；

(2) $\Delta y_x = 0$ 且 $y_0 = 2$.

解　(1) $y_x^* = 3\left(-\frac{5}{2}\right)^x$；(2) $y_x^* = 2$.

6. 求下列一阶差分方程的通解.

(1) $\Delta y_x - 4y_x = 3$；　　(2) $y_{t+1} - \frac{1}{2}y_t = 2^t$.

解　(1) 原方程变形为 $y_{x+1} - 5y_x = 3$，设该方程特解为 $y_x^* = a$，代入方程，得 $a = -\frac{3}{4}$，所以 $y_x^* = -\frac{3}{4}$. 且方程 $y_{x+1} - 5y_x = 0$ 的通解为 $Y = C5^x$. 故原方程的通解为

$$y = Y + y_x^* = C5^x - \frac{3}{4}$$

(2) 原方程的特解为

$$y_t^* = \frac{1}{2 - \frac{1}{2}} \cdot 2^t = \frac{2}{3}2^t$$

且方程 $y_{t+1} - \frac{1}{2}y_t = 0$ 的通解为 $Y = C\left(\frac{1}{2}\right)^t$，故原方程的通解为

$$y = Y + y_t^* = C\left(\frac{1}{2}\right)^t - \frac{2^{t+1}}{3}$$

7. 一辆新轿车价值20万元，以后每年比上一年减少20%，问 t(为正整数) 年末这辆轿车价值为多少万元？若这辆轿车价值低于1万元就要报废，问这辆轿车最多能使用多

少年?

解　$y_{t+1}=y_t-0.2y_t=0.8y_t$,解得 $y_t=C\left(\frac{4}{5}\right)^t$,且 $C=20$,于是 $y_t=20\left(\frac{4}{5}\right)^t$,要使 $y_t<1$,则需 $t\geqslant 15$,因此这辆轿车最多能使用14年.

6.4　验收测试题

1. 填空题.

(1) $xy'''+2x^2y'^2+x^3y=x^4+1$ 是________阶微分方程.

(2) 设曲线在点 (x,y) 处的切线的斜率等于该点横坐标的平方,则该曲线 $y=f(x)$ 满足的微分方程是________.

(3) 与积分方程 $y=\int_{x_0}^{x}f(x,y)\mathrm{d}x$ 等价的微分方程及其初值问题是________.

(4) 已知 $y=1,y=x,y=x^2$ 是某二阶非齐次线性微分方程的三个解,则该方程的通解为________.

(5) 一阶线性微分方程 $y'+P(x)y=Q(x)$ 的通解为________.

(6) 微分方程 $\sqrt{1-x^2}\,y'=\sqrt{1-y^2}$ 的通解为________.

(7) 微分方程 $y''+5y'+6y=0$ 的通解为________.

(8) 微分方程 $y''-4y'+5y=0$ 的通解为________.

(9) 微分方程 $y''+4y'+4y=0$ 的通解为________.

(10) $y''+p_1(x)y'+p_2(x)y=f(x)$ 是________类型的微分方程.

2. 选择题.

(1) 下列函数组在定义区间内(　　)不是线性无关的.

A. x,x^2　　B. $\mathrm{e}^{2x},3\mathrm{e}^{2x}$　　C. $\cos 2x,\sin 2x$　　D. $\mathrm{e}^{x^2},x\mathrm{e}^{x^2}$

(2) 微分方程 $y''-4y'-5y=0$ 的通解为(　　).

A. $C_1\mathrm{e}^{5x}+C_2\mathrm{e}^{-x}$　　B. $C_1\mathrm{e}^{-5x}+C_2\mathrm{e}^{x}$

C. $\mathrm{e}^{5x}+C_2\mathrm{e}^{-x}$　　D. $\mathrm{e}^{-5x}+\mathrm{e}^{x}$

(3) $y_1=\cos\omega x$, $y_2=\sin\omega x$ 都是方程 $y''+\omega^2y=0$ 的解,则该方程的通解为(　　).

A. $y=C\cos\omega x+\sin\omega x$　　B. $y=\cos\omega x+C\sin\omega x$

C. $y=C_1\cos\omega x+C_2\sin\omega x$　　D. $y=2\cos\omega x+3\sin\omega x$

(4) 下列函数是方程 $xy'=2y$ 的解的是(　　).

A. $y=\frac{x}{2}$　　B. $y=\frac{x^2}{2}$　　C. $y=5x$　　D. $y=x^3$

(5) 设函数 $y=(C_1+C_2x)\mathrm{e}^{2x}$ 是某个微分方程的通解,则该方程满足初始条件 $y|_{x=0}=0,y'|_{x=0}=1$ 的特解为(　　).

A. $y=\mathrm{e}^{2x}$　　B. $y=x\mathrm{e}^{2x}$

C. $y=(1+x)\mathrm{e}^{2x}$　　D. $y=(1+x^2)\mathrm{e}^{2x}$

(6) 设 y_1,y_2 是二阶常系数线性齐次方程 $y''+py'+qy=0$ 的两个解,C_1,C_2 为两个任意常数,则下列命题中正确的是(　　).

A. $C_1y_1+C_2y_2$ 是微分方程的通解　　B. $C_1y_1+C_2y_2$ 不是微分方程的通解

C. $C_1y_1+C_2y_2$ 是微分方程的解　　D. $C_1y_1+C_2y_2$ 不是微分方程的解

(7) 设 $y=\sin x+\cos x$ 是方程 $a_0y''+a_1y'+a_2y=0$ 的解,则常数 a_0,a_1,a_2 满足(　　).

A. $\begin{cases}a_2+a_0=0\\a_1=0\end{cases}$　　B. $\begin{cases}a_2-a_0=0\\a_1=0\end{cases}$

C. $\begin{cases}a_1-a_0=0\\a_2=0\end{cases}$　　D. $\begin{cases}a_1+a_0=0\\a_2=0\end{cases}$

6.5　验收测试题答案

1. 填空题.

(1) 3;　(2) $y'=x^2$;　(3) $y'=f(x,y),y|_{x=x_0}=0$;

(4) $y=C_1(x-1)+C_2(x^2-1)+1$;　(5) $y=\mathrm{e}^{-\int P(x)\mathrm{d}x}\left[\int Q(x)\mathrm{e}^{\int P(x)\mathrm{d}x}\mathrm{d}x+C\right]$;

(6) $\arcsin y=\arcsin x+C$;　(7) $y=C_1\mathrm{e}^{-2x}+C_2\mathrm{e}^{-3x}$;

(8) $y=\mathrm{e}^{2x}(C_1\cos x+C_2\sin x)$;　(9) $y=\mathrm{e}^{-2x}(C_1+C_2x)$;

(10) 二阶非齐次线性微分方程.

2. 选择题.

(1)B;　(2)A;　(3)C;　(4)B;　(5)B;

(6)C;　(7)B.

6.6　课外阅读

数学史上最多产的数学家:欧拉

莱昂哈德·欧拉(1707—1783),瑞士数学家、自然科学家,1707 年 4 月 15 日出生于瑞士的巴塞尔,1783 年 9 月 18 日于俄国圣彼得堡去世. 欧拉出生于牧师家庭,自幼受父亲的影响. 13 岁时入读巴塞尔大学,15 岁大学毕业,16 岁获得硕士学位. 欧拉是 18 世纪数学界最杰出的人物之一,他不但为数学界做出贡献,更把数学推至物理的领域. 他是数学史上最多产的数学家,平均每年写出八百多页论文,还写了大量的力学、分析学、几何学、变分法等教材,《无穷小分析引论》《微分学原理》《积分学原理》等都成为数学界的经典著作. 欧拉对数学的研究如此之广泛,以至于在许多数学的分支中也可经常见到以他的名字命名的重要常数、公式和定理. 此外欧拉还涉及建筑学、弹道学、航海学等领域. 瑞士教育与研究国务秘书查尔斯·克莱伯曾表示:“没有欧拉的众多科学发现,今天的我们将过着完全不一样的生活.” 法国数学家拉普拉斯则认为:“读读欧拉,他是所有人的老师.”

欧拉的父亲是一位牧师,也很喜欢数学, 经常给欧拉讲一些有趣的数学故事, 使得欧拉很早就对数学产生了浓厚的兴趣. 正因为如此，即便在中学并没有开设数学课程的情况下，欧拉私下里还是从一位大学生那里学习相应的数学课程.

欧拉 13 岁时作为全校年龄最小的学生进入了巴塞尔大学,主修哲学和法律，但是每周都会跟当时欧洲最优秀的数学家，也是他父亲最好的朋友约翰·伯努利学习数学. 欧拉的父亲希望欧拉成为一名牧师,但约翰·伯努利亲自登门苦劝欧拉的父亲允许欧拉学习数学:“欧拉注定要成为大数学家，而非牧师.” 最终父亲同意儿子攻读数学，从此开始了欧拉灿烂非凡的学术生涯，并成为数学史上最伟大的数学家之一.

在约翰·伯努利的儿子丹尼尔·伯努利的邀请下，欧拉于1727 年5 月 17 日抵达圣彼得堡科学院数学/物理学所工作. 1733 年丹尼尔·伯努利返回了巴塞尔,欧拉于是接替丹尼尔成为数学所所长. 1735 年,欧拉还在科学院地理所担任职务,协助编制俄国第一张全境地图.

欧拉在 1741 年 6 月 19 日离开了圣彼得堡,受到普鲁士帝国腓特烈二世的邀请，到柏林科学院就职. 他在柏林生活了 25 年,并写下了将近 400 篇文章. 再后来由于与腓特烈二世的相处问题，欧拉接受凯萨琳女皇二世邀请再次前往圣彼得堡，直到去世(1783 年).

早在 1735 年一场大病之后,欧拉右眼的视力就在不断持续恶化,1738 年他的右眼已经几近失明. 1766 年以后由于左眼有白内障,59 岁的他双眼近乎完全失明. 即便如此,这并未影响到他探究数学的决心,欧拉默默地承受失明的痛苦,每年都会向世界贡献出大量高水平的论文和著作，这也是因为他的强大心算能力和超群的记忆力. 在 1775 年,他平均每周就完成一篇数学论文. 1783 年9 月 18 日下午，欧拉邀请朋友们吃饭，晚餐后,欧拉还和小孙女逗笑,突然之间疾病发作，伟大的欧拉止住了生命的脚步，停止了一生的计算.

欧拉引进推广了数学符号 $\sum$ (求和)、e(自然常数)、f(函数)、i(虚数)等,并以希腊字母 π 表示圆周率. 在多个数学领域(如微积分、图论)都有非常伟大的成就，我们无法在这里一一列举，但必须提到的是欧拉公式:$e^{ix} = \cos x + i\sin x$. 这是数学界公认最美丽的公式之一，同时也是三角函数与复数之间的桥梁，数学源头的 0 和 1、最重要的超越数(表示增长率的 E 和隐藏在完美对称圆上的 π),以及三种运算方法(加法、乘法和幂)都出现在这个公式之中了.

除了数学之外,欧拉在力学、光学、天文学等物理领域都有非常傲人的成果. 2013 年4 月 15 日 Google 以 Doodle 纪念欧拉 306 周年诞辰,其中融入了他最重要的数学成就，展示了欧拉角、欧拉公式、欧拉恒等式、欧拉示性数和七桥问题等. Google 也在用另一种方式来纪念这位天才巨匠!

尽管欧拉去世已经两百多年，但他仍然活在数学的每一个领域之中，当你推门步入时，就会看到他伟大的成果，感受到他的睿智和善意. 最后让我们以法国数学家拉普拉斯的话一同纪念这位数学界的天才:读读欧拉,他是所有人的老师.

总复习题

期末测试模拟题(一)

一、填空题(每小题 4 分,共 20 分)

1. 当 $x \to 0$ 时,ax 与 $\ln(1+3x)$ 是等价无穷小,则常数 $a=$________.

2. 点 $x=0$ 是函数 $f(x)=\dfrac{1-\cos x}{x^2}$ 的________间断点.

3. 设 $f(x)=x(x-1)(x-2)\cdots(x-100)$,求 $f'(100)=$________.

4. 设 $f(u)$ 具有二阶导数,且 $y=f(x^2)$,则 $\dfrac{\mathrm{d}^2y}{\mathrm{d}x^2}=$________.

5. 曲线 $y=x^2$ 在点 $(1,1)$ 处的曲率 $k=$________.

二、选择题(每小题 4 分,共 20 分)

1. 函数 $f(x)=\begin{cases}2\mathrm{e}^x, & x<0\\ a+x, & x\geqslant 0\end{cases}$ 在 $(-\infty,+\infty)$ 上连续,则 $a=$(　　).

A. 1　　B. 2　　C. -1　　D. 3

2. 在区间 $[-1,1]$ 上满足罗尔定理条件的函数是(　　).

A. $y=\dfrac{\sin x}{x}$　　B. $y=(x+1)^2$　　C. $y=x$　　D. $y=x^2+1$

3. 若函数 $y=f(x)$ 在点 $x=x_0$ 处取得极大值,则必有(　　).

A. $f'(x_0)=0$　　B. $f'(x_0)=0$ 且 $f''(x_0)<0$

C. $f''(x_0)<0$　　D. $f'(x_0)=0$ 或 $f'(x_0)$ 不存在

4. 定积分 $\int_0^{\pi}\sqrt{1+\cos 2x}\,\mathrm{d}x$ 的值为(　　).

A. $\sqrt{2}$　　B. $2\sqrt{2}$　　C. $3\sqrt{2}$　　D. $4\sqrt{2}$

5. $y=c_1\mathrm{e}^{3x}+c_2\mathrm{e}^{4x}$ 是(　　)的通解.

A. $y''-7y'+12y=0$　　B. $y''+7y'+12y=0$

C. $y''-7y'+12=0$　　D. $y''+7y'-12y=0$

三、计算题(每小题 8 分,共 40 分)

1. 求极限:$\lim\limits_{x\to 0}\left(\dfrac{1}{x}-\dfrac{1}{\mathrm{e}^x-1}\right)$.

2. 设函数 $y=y(x)$ 由方程 $y=1+xe^{y}$ 确定,求函数曲线 $y=y(x)$ 在 $x=0$ 的切线方程.

3. 求不定积分: $\int \frac{x+\sin x}{1+\cos x}dx$.

4. 求定积分: $\int_0^8 \frac{1}{1+\sqrt[3]{x}}dx$.

5. 求微分方程 $xy'+y=\sin x$ 满足初始条件 $y|_{x=\pi}=1$ 的特解.

四、证明题(10 分)

设 $f(x)$ 在 $[0,a]$ 上连续,在 $(0,a)$ 内可导,且 $f(a)=0$. 证明:至少存在一点 $\xi\in(0,a)$,使得 $f'(\xi)=-\frac{f(\xi)}{\xi}$.

五、应用题(10 分)

设有一块边长为 6 m 的正方形铁皮,从四角各截去大小一样的小正方形,做成一个无盖的方盒. 试问截去边长为多少米的小正方形才能使做成的方盒的容积最大.

期末测试模拟题(二)

一、填空题(每小题4分,共20分)

1. 当 $x \to 0$ 时, ax 与 $e^{2x}-1$ 是等价无穷小,则常数 $a=$ ________.

2. 如果 $f(x)$ 在点 x_0 处可导,则 $\lim\limits_{x \to x_0} \dfrac{f^2(x)-f^2(x_0)}{x-x_0}=$ ________.

3. $d(\quad)=\cos 3x dx$.

4. 函数 $f(x)=e^{2x}-2x$ 在区间________内单调增加.

5. 不定积分 $\int \dfrac{1}{x^2} \cos \dfrac{1}{x} dx=$ ________.

二、选择题(每小题4分,共20分)

1. 极限 $\lim\limits_{x \to 0} \dfrac{\ln(1+x^2)}{x \sin x}=(\quad)$.

A. 0　　B. 1　　C. 2　　D. ∞

2. 若曲线 $y=x^2+ax+b$ 与 $y=-1+xy^3$ 在点 $(-1,1)$ 处相切,其中 a,b 为常数,则(　　).

A. $a=0, b=-2$　　B. $a=1, b=-3$

C. $a=-3, b=1$　　D. $a=-1, b=-1$

3. 设 $y=y(x)$ 由参数方程 $\begin{cases} x=\ln(1+t^2) \\ y=t-\arctan t \end{cases}$ 所确定,则 $\dfrac{dy}{dx}=(\quad)$.

A. $\dfrac{t}{2}$　　B. $\dfrac{1+t}{3}$　　C. $\dfrac{t^2}{2}$　　D. $\dfrac{1+t^2}{3}$

4. 函数 $y=\ln(1+x^2)$ 的单调减少区间是(　　).

A. $(-1,1)$　　B. $(-\infty,0)$　　C. $(0,+\infty)$　　D. $(-\infty,+\infty)$

5. 下列等式中不正确的是(　　).

A. $\left[\int f(x) dx\right]'=f(x)$　　B. $d\left[\int f(x) dx\right]=f(x) dx$

C. $\int f'(x) dx=f(x)+C$　　D. $\int dF(x)=F(x)$

三、计算题(每小题8分,共40分)

1. 求极限 $\lim\limits_{x \to 0} \dfrac{e^x-e^{-x}}{\sin x}$.

2. 求极限 $\lim\limits_{x \to \infty} \left(\dfrac{1+x}{x}\right)^{4x}$.

3. 求极限 $\lim\limits_{x \to 0} \dfrac{\int_0^{3x} \ln(1+t^2) dt}{\sin^2 x}$.

4. 求微分方程 $\dfrac{dy}{dx}=2xy$ 的通解.

5. 求函数$f(x)=\sin x+\cos x$在区间$\left[0,\frac{\pi}{2}\right]$上的最大值和最小值.

四、证明题(10 分)

设$f(x)$在$[a,b]$上连续,且$f(x)>0, x\in[a,b]$,已知$F(x)=\int_0^x f(t)\mathrm{d}t+\int_0^x \frac{1}{f(t)}\mathrm{d}t$, $x\in[a,b]$. 证明方程$F(x)=0$在区间$[a,b]$上有且仅有一个实根.

五、应用题(10 分)

某地铁站的截面拟造成矩形加半圆(如右图所示),截面的面积为 5 m^2,问长y和宽x为多少时,才能使截面的周长最小,从而使建造时所用材料最省?

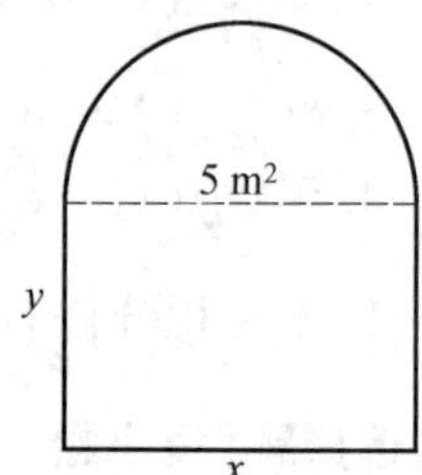

期末测试模拟题(三)

一、填空题(每小题4分,共20分)

1. 当 $x \to \infty$ 时,函数 $f(x)$ 与 $\frac{1}{x}$ 是等价无穷小量,则 $\lim\limits_{x\to 0} 2xf(x) =$ ________.

2. 若 $f(x) = \begin{cases} ae^x, & x < 0 \\ 2 + x, & x \geqslant 0 \end{cases}$ 在 $x = 0$ 处连续,则 $a =$ ________.

3. 曲线 $y = e^x + x$ 上点(0,1)处的切线方程为________.

4. 定积分 $\int_{-5}^{5} \frac{x^3 \sin^2 x}{x^4 + 2x^2 + 1} dx =$ ________.

5. 微分方程 $y'' - 2y' - 3y = 0$ 的通解为________.

二、选择题(每小题4分,共20分)

1. $\lim\limits_{x\to 0} \frac{\sin^3 mx}{x^2}$($m$ 为常数) = (　　).

A. 0　　B. 1　　C. m^2　　D. $\frac{1}{m^2}$

2. 设 $f(x) = e^{-x^2} - 1$, $g(x) = x^2$,则当 $x \to 0$ 时(　　).

A. $f(x)$ 对于 $g(x)$ 是较高阶的无穷小

B. $f(x)$ 对于 $g(x)$ 是较低阶的无穷小

C. $f(x)$ 对于 $g(x)$ 是同阶无穷小

D. $f(x)$ 对于 $g(x)$ 为等价无穷小

3. 设 $f(x)$ 在 x_0 处可导,且 $f'(x_0) = -2$,则 $\lim\limits_{h\to 0} \frac{f(x_0 - h) - f(x_0)}{h} =$ (　　).

A. $\frac{1}{2}$　　B. 2　　C. $-\frac{1}{2}$　　D. -2

4. 设 $\int_0^x f(x) dx = x\sin x$,则 $f(x) =$ (　　).

A. $\sin x + x\cos x$　　B. $\sin x - x\cos x$

C. $x\cos x - \sin x$　　D. $-(\sin x + x\cos x)$

5. 在下列各广义积分中,收敛的是(　　).

A. $\int_1^{\infty} \frac{dx}{\sqrt{x}}$　　B. $\int_1^{\infty} \frac{dx}{x^2}$

C. $\int_1^{\infty} \sqrt{x} dx$　　D. $\int_1^{\infty} \frac{dx}{x}$

三、计算题(每题8分,共40分)

1. 求极限 $\lim\limits_{x\to \infty} \sqrt[n]{4^n + 5^n}$.

2. 求极限 $\lim\limits_{x\to 0} x^2 \sin \frac{1}{x}$.

3. 求$\lim\limits_{x\to0}\dfrac{\int_0^x\cos t^2\mathrm{d}t}{x}$.

4. 求$\int\dfrac{x^4}{1+x^2}\mathrm{d}x$.

5. 求微分方程$\sqrt{1-x^2}y'=\sqrt{1-y^2}$的通解.

四、证明题(10 分)

设$a>b>0$,证明$\dfrac{a-b}{a}<\ln\dfrac{a}{b}<\dfrac{a-b}{b}$.

五、应用题(10 分)

铁路线上AB段的距离为100 km,工厂C距A处为20 km,AC垂直于AB,为了运输需要,要在AB线上选定一点D向工厂修筑一条公路,已知铁路与公路每千米的货运运费之比为3∶5,为了使货物从供应站B运到工厂C的运费最省,问D点应选在何处?

期末测试模拟题(四)

一、填空题(每小题 4 分,共 20 分)

1. $\lim\limits_{x\to\infty}\left(x\sin\frac{1}{x}-\frac{\sin x}{x}\right)=$________.

2. 点 $x=0$ 是函数 $f(x)=\frac{1-\cos x}{x^2}$ 的________间断点.

3. 设曲线 $y=e^x$,则它在点$(0,1)$处的切线方程为________.

4. 函数 $f(x)=x-\ln(1+x)$ 在区间________内单调减少.

5. 设常数 $b>0$,且$\int_0^b xe^x\mathrm{d}x=1$,则 $b=$________.

二、选择题(每小题 4 分,共 20 分)

1. 设 $y=e^{\frac{1}{x}}$,则 $\mathrm{d}y=($　　$)$.

A. $e^{\frac{1}{x}}\mathrm{d}x$　　B. $e^{-\frac{1}{x^2}}\mathrm{d}x$　　C. $\frac{1}{x^2}e^{\frac{1}{x}}\mathrm{d}x$　　D. $-\frac{1}{x^2}e^{\frac{1}{x}}\mathrm{d}x$

2. 设$f(x)=\begin{cases}x^2\sin\frac{1}{x}, & x\neq 0\\ 0, & x=0\end{cases}$,则$f(x)$在 $x=0$ 处(　　).

A. 连续且可导　　B. 不连续且不可导

C. 连续但不可导　　D. 不连续但可导

3. 设$\int f(x)\mathrm{d}x=x^2e^{2x}+C$,则$f(x)=($　　$)$.

A. $2xe^{2x}$　　B. $4xe^{2x}$　　C. $2x(x+1)e^{2x}$　　D. $2x^2e^{2x}$

4. 下列不等式中,不正确的是(　　).

A. $[\int f(x)\mathrm{d}x]'=f(x)$　　B. $\mathrm{d}[\int f(x)\mathrm{d}x]=f(x)\mathrm{d}x$

C. $\int f'(x)\mathrm{d}x=f(x)+C$　　D. $\int \mathrm{d}F(x)=F(x)$

5. 定积分$\int_{-1}^{1}\left(\frac{x^3\cos x}{1+x^2}+x^2\right)\mathrm{d}x=($　　$)$.

A. 0　　B. $\frac{1}{3}$　　C. $\frac{2}{3}$　　D. 1

三、计算题(每小题 8 分,共 40 分)

1. $\lim\limits_{x\to\infty}\left(\frac{2x+3}{2x+1}\right)^{x+1}$.

2. 设$\begin{cases}x=\arctan t,\\ y=\ln(1+t^2)\end{cases}$,求$\frac{\mathrm{d}y}{\mathrm{d}x}$.

3. 设 $y=y(x)$ 是由方程 $e^x-e^y=\sin(xy)$ 确定的,求$\left.\frac{\mathrm{d}y}{\mathrm{d}x}\right|_{x=0}$.

4. 求不定积分$\int \frac{\mathrm{d}x}{x(1+\ln^2 x)}$.

5. 求定积分$\int_2^6 \frac{2x}{\sqrt{1+4x}}\mathrm{d}x$.

四、证明题(10 分)

证明:当 $x \neq 0$ 时,$\mathrm{e}^x > 1+x$.

五、应用题(10 分)

试问 a 为何值时,函数 $f(x)=a\sin x+\frac{1}{3}\sin 3x$ 在 $x=\frac{\pi}{3}$ 处取得极值?它是极大值还是极小值?并求此极值.

期末测试模拟题(五)

一、填空题(每小题 4 分,共 20 分)

1. $\lim\limits_{x\to 0}\left(x\cos\dfrac{1}{x}+\dfrac{\sin x}{\sqrt{1+x}-1}\right)=$________.

2. 设函数 $y=\begin{cases}\dfrac{1-\cos x}{x\sin x}, & x\neq 0\\ k, & x=0\end{cases}$,当 $k=$________时,y 在 $x=0$ 处连续.

3. $f(x)=\dfrac{x}{2}-\ln(x+1)$ 在区间____________上是单调减少的.

4. 不定积分$\int xf''(x)\,dx=$________.

5. $\int_0^2\sqrt{4-x^2}\,dx=$________.

二、单项选择题(每小题 4 分,共 20 分)

1. 下列极限计算中,不正确的是(　　).

A. $\lim\limits_{x\to 0}\dfrac{x}{\sin x}=1$　　B. $\lim\limits_{x\to 0}(1-x)^{\frac{1}{x}}=e$

C. $\lim\limits_{x\to\infty}\left(1+\dfrac{1}{x}\right)^x=e$　　D. $\lim\limits_{x\to\infty}\dfrac{\sin x}{x}=0$

2. 设函数 $h(x)$ 和 $g(x)$ 可微,且 $h(x)=e^{1+g(x)}$,$h'(1)=1$,$g'(1)=2$,则 $g(1)$ 的值为(　　).

A. -1　　B. $\ln\dfrac{1}{3}-1$　　C. 0　　D. $-\ln 2-1$

3. 函数曲线 $y=x^3+3x^2$ 在区间$(-\infty,-2)$内是(　　).

A. 单调增加且凸的　　B. 单调增加且凹的

C. 单调减少且凸的　　D. 单调减少且凹的

4. 设$f(x)$ 具有连续导数,则$\int f'(3x+2)\,dx=$(　　).

A. $\dfrac{1}{3}f(3x+2)+C$　　B. $f(3x+2)+C$

C. $3f(3x+2)+C$　　D. $f(3x)+C$

5. 函数$\int_1^x\sin e^t\,dt$ 的导数是(　　).

A. $\cos e^t$　　B. $\sin e^t$　　C. $\sin e^x$　　D. $\cos e^x$

三、计算题(每小题 8 分,共 40 分)

1. $\lim\limits_{x\to\infty}\left(\dfrac{2x+3}{2x-1}\right)^{x+4}$.

2. $\lim\limits_{x\to 0}\dfrac{\tan x-x}{x^2\sin x}$.

3. 设 $y=e^{-x}\ln(2-x)+\sqrt{1+3x^2}$，求 $dy|_{x=1}$.

4. 设由方程 $e^{x+y}-xy^2=1$ 所确定的函数 $y=y(x)$，求 $y'(0)$.

5. 求定积分：$\int\frac{x}{\sqrt{1+x^2}}e^{\sqrt{1+x^2}}dx$.

四、证明题(10 分)

设函数 $f(x)$ 在 $[0,+\infty)$ 上连续，非负且单调增加，证明：函数

$$\varphi(x)=\frac{\int_0^x f(t)\,dt}{x}$$

在 $(0,+\infty)$ 上单调增加.

五、应用题(10 分)

求函数 $f(x)=x^3-6x^2+4$ 的单调区间及极值.

期末测试模拟题(一)答案

一、填空题

1. 3.　2. 第一类可去间断点.　3. 100!.　4. $2f'(x^2)+4x^2f''(x^2)$.　5. $\frac{2}{25}\sqrt{5}$.

二、选择题

1. B.　2. D.　3. D.　4. B.　5. A.

三、计算题

1. $\lim\limits_{x\to0}\left(\frac{1}{x}-\frac{1}{e^x-1}\right)=\lim\limits_{x\to0}\frac{e^x-1-x}{x(e^x-1)}=\lim\limits_{x\to0}\frac{e^x-1-x}{x^2}=\lim\limits_{x\to0}\frac{e^x-1}{2x}=\lim\limits_{x\to0}\frac{x}{2x}=\frac{1}{2}$.

2. $y'=e^y+xe^yy', y'=\frac{e^y}{1-xe^y}, x=0, y=1, y'|_{(0,1)}=e, y-1=e(x-0)$.

3. $\int\frac{x+\sin x}{1+\cos x}dx=\frac{1}{2}\int x\sec^2\frac{x}{2}dx-\int\frac{\sin x}{1+\cos x}dx=\int x d\tan\frac{x}{2}-\int\frac{d\cos x}{1+\cos x}=$

$$x\tan\frac{x}{2}-\int\tan\frac{x}{2}dx-\ln(1+\cos x)=$$

$$x\tan\frac{x}{2}+2\ln\left|\cos\frac{x}{2}\right|-\ln(1+\cos x)+C.$$

4. $\int_0^8\frac{1}{1+\sqrt[3]{x}}dx\xlongequal{t=x^3}\int_0^2\frac{3t^2}{1+t}dx=3\int_0^2\frac{t^2-1+1}{1+t}dx=3\int_0^2\left(t-1+\frac{1}{1+t}\right)dx=$

$$3\left[\frac{1}{2}t^2-t+\ln(1+t)\right]\Big|_0^2=3\ln3.$$

5. $y'+\frac{1}{x}y=\frac{\sin x}{x}$.

$y=e^{-\int\frac{1}{x}dx}\left(\int\frac{\sin x}{x}e^{\int\frac{1}{x}dx}dx+C\right)=e^{-\ln x}\left(\int\frac{\sin x}{x}e^{\ln x}dx+C\right)=$

$\frac{1}{x}\left(\int\sin x dx+C\right)=\frac{1}{x}(-\cos x+C)$.

$y|_{x=\pi}=1, C=\pi-1$,　$y=\frac{1}{x}(-\cos x+\pi-1)$.

四、证明题

证　设 $F(x)=xf(x)$,由题意可知,$F(x)$ 在 $[0,a]$ 上连续,在 $(0,a)$ 内可导,且 $F(0)=F(a)=0$,则至少存在一点 $\xi\in(0,a)$,使得 $F'(\xi)=\xi f'(\xi)+f(\xi)=0$,即 $f'(\xi)=-\frac{f(\xi)}{\xi}$.

五、应用题

解　设截去的小方块边长为 x m,则体积为

$$V=(6-2x)^2\cdot x$$

$$V'=2(6-2x)(-2x)\cdot x+(6-2x)^2=12(x^2-4x+3)$$

令 $V'=0$,所以 $x_1=1, x_2=3$(舍去).所以,截去的小方块边长为1 m,才能使盒子的容积最大.

期末测试模拟题(二) 答案

一、填空题

1. $a=2$.　2. $2f'(x_0)f(x_0)$.　3. $\frac{1}{3}\sin 3x$.　4. $(0,+\infty)$.　5. $-\sin\frac{1}{x}+C$.

二、选择题

1. C.　2. D.　3. A.　4. B.　5. D.

三、计算题

1. $\lim\limits_{x\to0}\frac{e^x-e^{-x}}{\sin x}=\lim\limits_{x\to0}\frac{e^x-e^{-x}}{x}=\lim\limits_{x\to0}(e^x+e^{-x})=2$.

2. $\lim\limits_{x\to\infty}\left(\frac{1+x}{x}\right)^{4x}=\lim\limits_{x\to\infty}\left[\left(1+\frac{1}{x}\right)^x\right]^4=e^4$.

3. $\lim\limits_{x\to0}\frac{\int_0^{3x}\ln(1+t)\,dt}{\sin^2x}=\lim\limits_{x\to0}\frac{\int_0^{3x}\ln(1+t)\,dt}{x^2}=\lim\limits_{x\to0}\frac{3\ln(1+3x)}{2x}=\lim\limits_{x\to0}\frac{3\times3x}{2x}=\frac{9}{2}$.

4. $\frac{dy}{y}=2x\,dx,\int\frac{dy}{y}=\int 2x\,dx,y=Ce^{x^2}$.

5. $f'(x)=\cos x-\sin x,x\in\left[0,\frac{\pi}{2}\right]$. 令$f'(x)=0$,即$\cos x-\sin x=0$,解得驻点$x=\frac{\pi}{4}$,

$f(0)=1,f\left(\frac{\pi}{4}\right)=\sqrt{2},f\left(\frac{\pi}{2}\right)=1$. 所以,最大值为$\sqrt{2}$,最小值为1.

四、证明题

证　显然,$F(x)$在$[a,b]$上连续,且$F(a)=\int_a^a f(t)\,dt+\int_b^a\frac{1}{f(t)}dt=-\int_a^b\frac{1}{f(t)}dt<0$,

$F(b)=\int_a^b f(t)\,dt+\int_b^b\frac{1}{f(t)}dt=\int_a^b f(t)\,dt>0$,即$f(a)f(b)<0$,在$(a,b)$内至少存在一点$\xi$,

使得$F(\xi)=0$. 因为$F'(x)=f(x)+\frac{1}{f(x)}>0$(因为$f(x)>0$),所以$F(x)$在$[a,b]$上单调增加,所以$F(x)=0$在区间$[a,b]$上有且仅有一个实根.

五、应用题

解　设矩形底为x m,高为y m,$xy+\frac{\pi}{8}x^2=5\text{ m}^2$,解得$-y=\frac{5}{x}-\frac{\pi}{8}x(x>0)$.

周长为

$$L=x+2y+\pi x=x(1+\pi)+\frac{10}{x}-\frac{\pi}{4}x,\quad x>0$$

$$L'=(1+\pi)-\frac{10}{x^2}-\frac{\pi}{4}=1+\frac{3\pi}{4}-\frac{10}{x^2},\quad x>0$$

令$L'=0$,即$x^2=\frac{40}{4+3\pi}(x>0)$,得$x=\sqrt{\frac{40}{4+\pi}}$(因为$x>0$). 即当底宽为$\sqrt{\frac{40}{4+3\pi}}$时截面的周长最小,从而使建造时所用材料最省.

期末测试模拟题(三)答案

一、填空题

1. 2.　2. 2.　3. $y=2x+1$.　4. 0.　5. $y=C_1e^{-x}+C_2e^{3x}$.

二、选择题

1. A.　2. C.　3. B.　4. A.　5. B.

三、计算题

1. $5=\sqrt[n]{5^n}<x_n<5^n\sqrt{\left(\frac{4}{5}\right)^n+1}<1+\left(\frac{4}{5}\right)^n\to 5$,所以由夹逼定理$\lim\limits_{x\to\infty}\sqrt[n]{4^n+5^n}=5$.

2. 当 $x\to 0$ 时,x^2 为无穷小量,$\left|\sin\frac{1}{x}\right|\leqslant 1$,故$\lim\limits_{x\to 0}x^2\sin\frac{1}{x}=0$.

3. 原式 $=\lim\limits_{x\to 0}\frac{\cos x^2}{1}=1$.

4. $\int\frac{x^4}{1+x^2}dx=\int\frac{x^4-1+1}{1+x^2}dx=\int\left(x^2-1+\frac{1}{1+x^2}\right)dx=\frac{1}{3}x^3-x+\arctan x+C$.

5. $\int\frac{dy}{\sqrt{1-y^2}}=\int\frac{dx}{\sqrt{1-x^2}}$, 所以 $\arcsin y=\arcsin x+C$.

四、证明题

证　设 $y=\ln x$,$f(x)$ 在$[b,a]$上满足拉格朗日中值定理,即 $\ln a-\ln b=\frac{1}{\xi}(a-b)$,

$b<\xi<a$,所以$\frac{a-b}{a}<\ln\frac{a}{b}<\frac{a-b}{b}$.

五、应用题

解　设$AD=x$,$DB=100-x$,$y=5\sqrt{400+x^2}+3(100-x)$,$x\in[0,100]$,$y'=\frac{5x}{\sqrt{400+x^2}}-3=0$, $x=15$ km. 由于定义域内只有一个驻点,且由实际问题知有最小值,故 $AD=x=15$ km 时运费最省.

期末测试模拟题(四)答案

一、填空题

1. 1.　2. 第一类.　3. $y=x+1$.　4. $(-1,0)$.　5. 1.

二、选择题

1. D.　2. A.　3. D.　4. D.　5. C.

三、计算题

1. $\lim\limits_{x\to\infty}\left(\frac{2x+3}{2x+1}\right)^{x+1}=\lim\limits_{x\to\infty}\left(1+\frac{2}{2x+1}\right)^{\frac{2x+1}{2}\cdot\frac{2(x+1)}{2x+1}}=e$.

2. $y'_t=\dfrac{2t}{1+t^2},x'_t=\dfrac{1}{1+t^2}.\dfrac{dy}{dx}=\dfrac{y'}{x'_t}=2t.$

3. 对方程 $e^x-e^y=\sin(xy)$ 两边求导，有

$$e^x-e^y y'=\cos(xy)(y+xy'),\quad y'=\frac{e^x-y\cos(xy)}{e^y+x\cos(xy)}$$

当 $x=0$ 时，$y=0$，所以 $\left.\dfrac{dy}{dx}\right|_{x=0}=1.$

4. $\displaystyle\int\frac{dx}{x(1+\ln^2 x)}=\int\frac{d\ln x}{1+\ln^2 x}=\arctan\ln x+C.$

5. $\displaystyle\int_2^6\frac{2x}{\sqrt{1+4x}}dx\xlongequal{t=\sqrt{1+4x}}\int_3^5\frac{t^2-1}{4}dt=\frac{1}{4}\left(\frac{1}{3}t^3-t\right)\Big|_3^5=\frac{23}{3}.$

四、证明题

证　令 $f(x)=e^x-x-1$，$f'(x)=e^x-1$，当 $x<0$ 时，$f'(x)<0$，函数单调减少，$f(x)>f(0)=0$，即 $e^x>1+x$；当 $x>0$ 时，函数单调增加，$f(x)>f(0)=0$，即 $e^x>1+x$.

五、应用题

解　$f'(x)=a\cos x+\cos 3x$，由于 $f(x)$ 在 $x=\dfrac{\pi}{3}$ 处取得极值，所以 $f'\left(\dfrac{\pi}{3}\right)=0$，即 $a=2$，

$f''(x)=-2\sin x-3\sin 3x$，$f''\left(\dfrac{\pi}{3}\right)=-\sqrt{3}<0$，所以 $f\left(\dfrac{\pi}{3}\right)=2\sqrt{3}$ 为极大值.

期末测试模拟题(五)答案

一、填空题

1. 2.　2. $\dfrac{1}{2}$.　3. $(-1,1)$.　4. $xf'(x)-f(x)+C$.　5. π.

二、单选题

1. B.　2. D.　3. A.　4. A.　5. C.

三、计算题

1. 原式 $=\displaystyle\lim_{x\to\infty}\frac{\left(1+\frac{3}{2x}\right)^{x+4}}{\left(1-\frac{1}{2x}\right)^{x+4}}=e^2.$

2. 原式 $=\displaystyle\lim_{x\to 0}\frac{\sec^2 x-1}{3x^2}=\lim_{x\to 0}\frac{x^2}{3x^2}=\frac{1}{3}.$

3. $dy=\left[-e^{-x}\ln(2-x)-\dfrac{e^{-x}}{2-x}+\dfrac{3x}{\sqrt{1+3x^2}}\right]dx$，$dy|_{x=1}=\left(\dfrac{3}{2}-e^{-1}\right)dx.$

4. $e^{x+y}(1+y')-y^2-2xyy'=0$，当 $x=0$ 时，$y=0$，$y'(0)=-1.$

5. $\displaystyle\int\frac{x}{\sqrt{1+x^2}}e^{\sqrt{1+x^2}}dx=\int e^{\sqrt{1+x^2}}d\sqrt{1+x^2}=e^{\sqrt{1+x^2}}+C.$

四、证明题

证 $\varphi'(x)=\dfrac{xf(x)-\int_0^x f(t)\,\mathrm{d}t}{x^2}=\dfrac{x(f(x)-f(\xi))}{x^2}>0(0<\xi<x)$,所以$\varphi(x)$在$(0,+\infty)$上单调增加.

五、应用题

解 令$y'=3x(x-4)=0$,得$x=0$,$x=4$,y的单调增区间为$(-\infty,0)$,$(4,+\infty)$. y的单调减区间为$(0,4)$. 极大值$f(0)=4$,极小值$f(4)=-28$.